JN039021

環境・都市システム系 教科書シリーズ **10**

施工管理学（改訂版）

工学博士　**友久 誠司**

工学博士　**竹下 治之** 共著

博士（工学）　**江口 忠臣**

コロナ社

刊行のことば

　工業高等専門学校（高専）や大学の土木工学科が名称を変更しはじめたのは1980年代半ばです。高専では1990年ごろ，当時の福井高専校長 丹羽義次先生を中心とした「高専の土木・建築工学教育方法改善プロジェクト」が，名称変更を含めた高専土木工学教育のあり方を精力的に検討されました。その中で「環境都市工学科」という名称が第一候補となり，多くの高専土木工学科がこの名称に変更しました。その他の学科名として，都市工学科，建設工学科，都市システム工学科，建設システム工学科などを採用した高専もあります。

　名称変更に伴い，カリキュラムも大幅に改変されました。環境工学分野の充実，CADを中心としたコンピュータ教育の拡充，防災や景観あるいは計画分野の改編・導入が実施された反面，設計製図や実習の一部が削除されました。

　また，ほぼ時期を同じくして専攻科が設置されてきました。高専～専攻科という7年連続教育のなかで，日本技術者教育認定制度（JABEE）への対応も含めて，専門教育のあり方が模索されています。

　土木工学教育のこのような変動に対応して教育方法や教育内容も確実に変化してきており，これらの変化に適応した新しい教科書シリーズを統一した思想のもとに編集するため，このたびの「環境・都市システム系教科書シリーズ」が誕生しました。このシリーズでは，以下の編集方針のもと，新しい土木系工学教育に適合した教科書をつくることに主眼を置いています。

（1）　図表や例題を多く使い基礎的事項を中心に解説するとともに，それらの応用分野も含めてわかりやすく記述する。すなわち，ごく初歩的事項から始め，高度な専門技術を体系的に理解させる。

（2）　シリーズを通じて内容の重複を避け，効率的な編集を行う。

（3）　高専の第一線の教育現場で活躍されている中堅の教官を執筆者とす

　　る。

　本シリーズは，高専学生はもとより多様な学生が在籍する大学・短大・専門学校にも有用と確信しており，土木系の専門教育を志す方々に広く活用していただければ幸いです。

　最後に執筆を快く引き受けていただきました執筆者各位と本シリーズの企画・編集・出版に献身的なお世話をいただいた編集委員各位ならびにコロナ社に衷心よりお礼申し上げます。

2001 年 1 月

編集委員長　澤　　　孝　平

ま え が き

　施工管理学は，建設工事を行う方法や手順などについて学ぶ学問である。建設工事は，人間生活における安全性・利便性・快適性などを確保するために，自然に手を加えて災害を防止し，社会基盤を整備するものである。この意味では，人間の歴史が施工の歴史といっても過言ではない。すなわち，人の生活があるところに建設工事やこれに伴う施工が不可欠である。

　具体的にいうと，施工は町の路地裏の小さな側溝から，人工衛星からも識別できるような巨大構造物などを造るための方法や手段である。そして，構造物を建設する際には，自然災害の発生を回避して住民の理解を得るとともに，周辺の生態系や環境に配慮して事業を推進することが要求される。また，施工は古来より行ってきた工法から，機械化・自動化をはじめバイオテクノロジーやITを駆使した最新工法までの種々のものがあり，土木や建築の専門的技術のほか機械・電気・情報・化学・景観・衛生・経済などの学問を総合的に応用し，多くの人々の協力を得て初めて成し遂げられるものである。

　本書は，種々の施工方法や手順について知りたいという，現場の若い技術者や大学・高専・工業高校の学生や生徒の強い要望に応える参考書や教科書として執筆した。このため，現場経験のない学生にもできるだけ理解しやすいように図表を多く配置した。一方，実際に建設される構造物は，その機能や建設地域の自然地理や工学的条件の違いを考慮して，その現場に適した施工方法を採用することが必要であり，基礎技術を十分理解したうえで最適工法や応用工法を選定することが望まれる。また，施工にかかわる人だけでなく，設計や積算業務を行う人においても，その施工法を十分理解していなければ現場に即応したものはできない。

　本書では，建設技術者としての交流や情報交換をする場合に，知っていなけ

れば意思の疎通が図れない基本的な事項をとりあげている。*1* 章では土木工事全般の流れと施工を行う際の調査・試験について，*2* 章では建設機械に関する一般的事項と作業能力および運営管理に関する基礎事項について述べている。*3* 章〜 *7* 章では施工の主要工種である土工・基礎工・コンクリート工・トンネル工・ダム工の基本的事項について述べている。そして，*8* 章および *9* 章では施工計画および施工管理の手法や留意点について詳述している。また，読者は各章末の演習問題に取り組むことにより学習効果を一層高め、各自の理解度を確かめることができる。一方，コーヒーブレイクでは，息抜きに肩のこらない話題をとりあげた。

　著者の分担は，*1* 章〜 *4* 章まで（*2* 章は *2.1*，*2.2* のみ）が友久，*2* 章の *2.3*，*2.4* と *5* 章〜 *9* 章までが竹下である。前述したように，施工にかかわる範囲は非常に広く，本書ですべてを網羅することはできない。さらに詳細な情報が必要な読者や，道路・鉄道・河川・港湾・橋梁などについてはほかの専門書を参考にされたい。

　最後に，本書の執筆にあたり，参考にさせていただいた多数の文献の著者や出版社に謝意を表すとともに，本出版にお世話をいただいたコロナ社に心から感謝いたします。

2003 年 11 月

著　　　者

改訂版にあたって

　2 章全体を見直し，自動化，省力化，ロボット化を目指した i-Construction を主体とする新しい建設機械施工について加筆した（*2.3*）。改訂版の執筆分担は，*1* 章，*3* 章〜 *4* 章が友久，*2* 章の *2.1*，*2.2* と *5* 章〜 *9* 章までが竹下，*2* 章の *2.3* が江口である。

2021 年 2 月

著　　　者

目　　　次

1.　総　　　説

1.1　土木工事の特徴·· 1
1.2　施　工　体　系·· 3
1.3　環境影響評価·· 4
1.4　設計，積算と入札·· 7
　1.4.1　設計書と仕様書·· 7
　1.4.2　積　　　算·· 7
　1.4.3　入　　　札·· 9
1.5　施工のための調査・試験·· 10
　1.5.1　地　形・地　質·· 10
　1.5.2　地　盤　調　査·· 12
　1.5.3　ボ　ー　リ　ン　グ·· 14
　1.5.4　サ　ン　プ　リ　ン　グ·· 15
　1.5.5　原　位　置　試　験·· 16
1.6　環境保全のための調査・試験·· 17
1.7　工　事　用　測　量·· 22
演　習　問　題·· 23

2.　建設機械施工

2.1　建設機械の作業能力の算定·· 24
　2.1.1　ブルドーザーの作業能力·· 25
　2.1.2　ショベル系掘削機の作業能力··· 27
　2.1.3　ダンプトラックの作業能力··· 29
2.2　建設機械の運営と管理·· 31

2.2.1 機　械　経　費 ……………………………………………*31*

2.2.2 機　械　損　料 ……………………………………………*32*

2.2.3 運　転　経　費 ……………………………………………*33*

2.2.4 建設機械の所要台数 …………………………………………*33*

2.3　　新しい建設機械施工技術 ………………………………………*34*

2.3.1 情　報　化　施　工 …………………………………………*34*

2.3.2 情報通信技術 (ICT) の活用 ………………………………*36*

2.3.3 新しい施工に対応した建設機械と周辺技術 …………………*42*

演　習　問　題 ……………………………………………………*49*

3.　　土　　　　　工

3.1　　概　　　　　説 …………………………………………………*50*

3.1.1 地盤材料の分類 ………………………………………………*50*

3.1.2 土　工　計　画 ………………………………………………*54*

3.1.3 土　量　配　分 ………………………………………………*56*

3.2　　掘　削　と　運　搬 ……………………………………………*57*

3.2.1 掘削方法と運搬方法 …………………………………………*57*

3.2.2 切　　　　　土 ………………………………………………*58*

3.2.3 土　砂　の　掘　削 …………………………………………*60*

3.2.4 軟　岩　の　掘　削 …………………………………………*64*

3.2.5 硬　岩　の　掘　削 …………………………………………*65*

3.3　　盛　土　と　締　固　め ………………………………………*72*

3.3.1 盛　　　　　土 ………………………………………………*72*

3.3.2 締固めと品質管理 ……………………………………………*73*

3.3.3 締　固　め　機　械 …………………………………………*76*

3.4　　浚　渫　と　埋　立　て ………………………………………*79*

3.5　　法　面　の　保　護 ……………………………………………*82*

演　習　問　題 ……………………………………………………*84*

4.　　基　　礎　　工

4.1　　概　　　　　説 …………………………………………………*86*

 4.1.1 地盤の破壊形式と支持力 ···*86*

 4.1.2 基 礎 工 の 種 類 ···*88*

4.2 基礎工にかかわる共通事項 ··*89*

 4.2.1 土 留 め 工 ···*89*

 4.2.2 ヒービングとボイリング ······································*92*

 4.2.3 排 水 工 法 ···*93*

4.3 浅 い 基 礎 工 法 ··*97*

 4.3.1 浅い基礎の種類と特徴 ··*97*

 4.3.2 浅 い 基 礎 の 支 持 力 ··*98*

4.4 深 い 基 礎 工 法 ··*101*

 4.4.1 既 製 杭 基 礎 ···*101*

 4.4.2 場所打ち杭基礎 ···*105*

 4.4.3 ケ ー ソ ン 基 礎 ···*110*

 4.4.4 深 い 基 礎 の 支 持 力 ······································*112*

4.5 地 中 連 続 壁 工 法 ··*115*

4.6 地 盤 改 良 工 法 ··*116*

 4.6.1 概　　　　　説 ···*116*

 4.6.2 置 換 工 法 ···*118*

 4.6.3 載 荷 重 工 法 ···*119*

 4.6.4 ド レ ー ン 工 法 ···*119*

 4.6.5 締 固 め 工 法 ···*122*

 4.6.6 薬 液 注 入 工 法 ···*124*

 4.6.7 セメント・石灰安定処理工法 ································*125*

 4.6.8 凍 結 工 法 ···*127*

演 習 問 題 ···*128*

5.　　コンクリート工

5.1 コンクリートの製造 ··*130*

 5.1.1 コンクリートに要求される品質 ······························*130*

 5.1.2 計量および練混ぜ ···*131*

 5.1.3 レディーミクストコンクリート ······························*132*

5.2 型 枠 ・ 支 保 工 ··*134*

5.2.1　型枠・支保工に作用する荷重 ················ *134*

5.2.2　型　　　　　枠 ································ *135*

5.2.3　支　　保　　工 ································ *136*

5.2.4　型枠・支保工の取りはずし ··················· *136*

5.3　　コンクリートの施工 ·························· *137*

5.3.1　運搬・打込み・締固め ······················ *137*

5.3.2　打　　継　　目 ································ *139*

5.3.3　養　　　　　生 ································ *140*

5.4　　特別な配慮を要するコンクリート ············· *142*

5.4.1　マスコンクリート ·························· *142*

5.4.2　流動化コンクリート ························ *144*

5.4.3　暑中コンクリート ·························· *145*

5.4.4　寒中コンクリート ·························· *146*

5.4.5　水中コンクリート ·························· *147*

5.4.6　水密コンクリート ·························· *149*

演　習　問　題 ···································· *149*

6.　　ト ン ネ ル 工

6.1　　概　　　　　説 ······························ *151*

6.1.1　トンネルの種類 ···························· *151*

6.1.2　トンネルの調査 ···························· *152*

6.1.3　トンネルの設計 ···························· *153*

6.2　　掘削・ずり出し ······························ *155*

6.2.1　掘　　　　　削 ···························· *155*

6.2.2　ず　り　出　し ···························· *157*

6.3　　支　　保　　工 ······························ *158*

6.4　　覆　　　　　工 ······························ *160*

6.5　　特　殊　工　法 ······························ *160*

6.5.1　開削トンネル工法 ·························· *160*

6.5.2　シールド工法 ······························ *161*

6.5.3　沈　埋　工　法 ···························· *164*

6.5.4　推　進　工　法 ···························· *165*

演 習 問 題 ……………………………………………………………*166*

7. ダ ム 工

7.1 概 説 ………………………………………………………*167*
7.1.1 ダ ム の 種 類 ……………………………………………*167*
7.1.2 ダム建設にかかわる調査 ………………………………*168*
7.2 準 備 工 事 ……………………………………………………*169*
7.3 転 流 工 事 ……………………………………………………*170*
7.4 基礎掘削と基礎処理 …………………………………………*171*
7.4.1 基 礎 掘 削 ……………………………………………*171*
7.4.2 基 礎 処 理 ……………………………………………*171*
7.5 コンクリートダムの施工 ……………………………………*173*
7.5.1 ブロック工法 …………………………………………*173*
7.5.2 RCD 工 法 ……………………………………………*178*
演 習 問 題 ……………………………………………………………*180*

8. 施 工 計 画

8.1 施工計画の基本事項 …………………………………………*181*
8.1.1 施工計画の目的 ………………………………………*181*
8.1.2 施工計画の立案時の留意事項 …………………………*181*
8.2 施工計画の立案の手順とその内容 …………………………*183*
8.2.1 事 前 調 査 ……………………………………………*183*
8.2.2 施工技術計画 …………………………………………*184*
8.2.3 仮 設 備 計 画 …………………………………………*184*
8.2.4 調 達 計 画 ……………………………………………*186*
8.2.5 管 理 計 画 ……………………………………………*186*
演 習 問 題 ……………………………………………………………*190*

9. 施 工 管 理

9.1 施工管理の概要 ………………………………………………*191*
9.1.1 施工管理の目的 ………………………………………*191*

　9.1.2　施工管理の組織 ································ 191
　9.1.3　4　大　管　理 ································ 192
　9.1.4　施工管理のサイクル ························ 193
9.2　　工　程　管　理 ································ 194
　9.2.1　工程管理の意義 ···························· 194
　9.2.2　工程表の種類 ······························ 195
9.3　　品　質　管　理 ································ 198
　9.3.1　品質管理の意義 ···························· 198
　9.3.2　品質保証計画 ······························ 199
　9.3.3　品質管理の方法 ···························· 200
　9.3.4　統計的な品質管理手法 ······················ 201
　9.3.5　抜　取　検　査 ···························· 206
9.4　　原　価　管　理 ································ 208
　9.4.1　原価管理の意義 ···························· 208
　9.4.2　原価管理の手順 ···························· 208
　9.4.3　コストダウン ······························ 209
9.5　　安全衛生管理 ································ 209
　9.5.1　安全衛生管理の必要性 ······················ 209
　9.5.2　労働災害の発生原因 ························ 210
　9.5.3　労働災害の表し方 ·························· 210
　9.5.4　安全衛生管理活動 ·························· 211
9.6　　そのほかの管理 ······························ 212
　9.6.1　労　務　管　理 ···························· 212
　9.6.2　環境保全のための管理 ······················ 213
演　習　問　題 ···································· 214

引用・参考文献 ·································· 216

演習問題解答 ···································· 217

索　　　　引 ···································· 221

1

総　　　説

　施工は目的とする構造物を作る手段や方法であり，「いかに品質の良い品を，安価に，合理的な速度で，しかも安全に作るか」を追求する。施工の過程では盛土や斜面の不安定化，支持力の低下や地盤沈下，突発的な出水など当初に予測できない多くの問題が発生する。それらを未然に防止するには，施工計画をたてる段階で，事前に正確な現地の情報を入手することが重要である。本章では土木工事の概要について解説し，施工に関する調査・試験について述べる。

1.1 土木工事の特徴

　土木工事が対象とする構造物は，道路，鉄道，港湾，橋梁，ダムや上下水道施設などの公共の利便性や快適性を与えるものや，高潮，洪水，地震や火山活動などから住民を守る防災施設などがある。それらは**社会基盤**（infra-structure）と呼ばれ，それぞれの地域に密接に関係し，風俗，文化に根付いて多くの人々に利用される。

　施工（construction）は工事を実施する手段や方法であり，構造物が供用されるまでの流れは，**図 *1.1***に示すとおりである。

図 *1.1*　土木構造物施工の流れ

一般に，土木工事の多くは以下の特徴を持っている。

1）　現場生産である　　土木構造物は移動が困難であり，その機能を発揮する地域で建設される。そのため，必要な機材や労働力を現地へ運搬して作業しなければならない。また，同じ構造物であっても建設される地域の気候，地形，地質，地下水位などの自然・地理条件が変化すると，同じ工法で施工されることはほとんどなく，屋外作業のために気象や海象に影響される場合が多い。

2）　公共的な性格が強く，環境に対する配慮が必要である　　土木工事は約80％が国や地方自治体などが発注する公共事業であり，建設される地域・住民との関係が深く，関心も高いことから公開的で適正な事業の遂行が求められる。特に，自然環境や生活環境などに対する配慮が必要である。

3）　受注生産である　　土木工事は入札・契約後に着工するため，前もって資材などの準備をしておくことはできない。また，対象構造物は個々に異なっており，一般の工場製品のように流れ作業やプレキャストなどの大量生産方式に比べて，生産管理やコストの縮減が困難である。

　土木工事は以上のような特徴を持ち，綿密な施工計画をたてても施工中に生じる現象は予測と異なることも多く，特に，地盤の挙動などは経時的に変化するため，対応を過って事故につながる場合も見られる。そこで，施工中の変化を測定し，その結果に応じて危険部位の補強など，その後の施工方法を決定する必要がある。また，危険と隣り合わせの工事も少なくない。火山災害や地すべりなどの応急復旧では二次災害の危険があり，施工機械の無人化や遠隔操作による施工が行われる。さらに，近年の少子化と高賃金化，および重労働の軽減のため，建設の機械化はますます進展している。

　現在，これらの工事施工中の安全を確保し，施工機械の自動化，および施工の省力化から出来形検査に至るまでを総合的に施工・維持管理をシステム化した**情報化施工**（computerized construction, information-oriented construction, computer aided construction）も進められている。

1.2 施 工 体 系

　平成14年度の建設業者数は約57万社である。そのほとんどは小規模であり，わずか約0.3％が資本金10億円以上の特定建設業者である。

　ダムや空港などの大プロジェクトでは分業化が進んでおり，地質調査，基礎・薬液注入や海洋工事などの専門業者が協力して施工する形態が整っている。また，協定により工事の分担や範囲を決めて施工する**共同企業体**（joint venture：JV）が組織されることも多い。この施工形態は，1930年の米国ネバダ州のフーバーダム建設時に，技術力や融資力増強のために西部の建設業者6社で初めて組織されたものである。近年では，工事の入手機会の増大，中小建設業の技術力拡充や振興策などの理由により多くの工事に適用されている。

　工事現場では，作業所単位で**図1.2**のような施工組織が作られる。ここで，ラインは主要目的の達成に関する職務権限を持ち，かつこれを遂行する責任を有する職位であり，現場の総括である現場代理人，工事主任から工事係がこれにあたる。一方，スタッフは，ラインおよびほかのスタッフに対して目的達成のために助言と助力を提供する職務である。このライン組織とスタッフ組織が協力して各自の任務を遂行する。

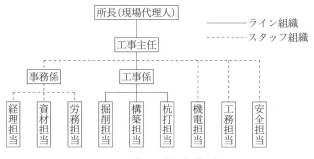

図*1.2*　施工現場の組織の例

1.3 環境影響評価

環境影響評価（environmental impact assessment：環境アセスメント）は，構造物の築造や自然環境の変更を含む事業の実施にあたり，その事業が環境に及ぼす影響について，関係する項目ごとに調査・予測・評価を行い，その結果に応じて環境保全に対する対応措置を検討し，環境に対する影響を総合的に評価することである。

　環境保全が世界の共通問題として注目を浴びたのは国連人間環境会議（ストックホルム，1972）であった。ここでは「人間環境宣言」と「行動計画」が採択され，健全な環境を守るための方向付けと，その取組み方が検討された。この取決めは，その後のワシントン条約（絶滅の恐れのある野生動植物種の国際取引に関するもの），ウィーン条約（オゾン層の保護に関するもの）やバーゼル条約（有害廃棄物の越境移動および処分に関するもの）が発効する契機となった。

　1992年に開催された「環境と開発に関する国連会議（リオデジャネイロ）」は，深刻化している地球環境に関する課題について検討し，地球環境問題の基本哲学となる「持続可能な開発」と「環境と開発の不可分」の考え方を示した。これが「リオ宣言」と「アジェンダ21（行動計画）」であり，環境保全が人類共通の願いであり，「地球益」の考え方が形成された[1]†。

　一方，わが国では，昭和30年代から40年代にかけて，世界でも類を見ない飛躍的な経済発展を遂げた。しかし，その反面，環境の悪化による水俣病，イタイイタイ病や四日市公害などの公害問題が相ついで明らかになった。

　昭和42年，国，地方自治体および事業者に，公害を防止する対策の総合的な推進を要請する「公害対策基本法」が定められた。その後，環境に及ぼす影響や対策などの指導を盛り込んだ「各種公共事業に係る環境保全対策について」が昭和47年6月に閣議了解され，各地の地方自治体により川崎市環境影

---

†　肩付番号は巻末の引用・参考文献の番号を示す。

響評価に関する条例（1976）や瀬戸内海環境保全特別措置法（1978）など数々
の条例や要綱が個別に策定され，環境の保全が図られた。

　平成 5 年 11 月には，自然との共生を重点目標とした「環境基本法」が定め
られ，また，平成 9 年 6 月には環境影響評価を行わなくてはならない事業と手
順を定めた「環境影響評価法」が制定された。これによると，環境影響評価の
対象とする事業は，高速道路，ダム，埋立てなどの**表 1.1** に示す 14 事業で，
その手順は**図 1.3** のとおりである。

　建設事業は，周辺住民や環境への悪影響を生じない方法で実施する必要があ
る。建設公害は，騒音や振動をはじめ水質・地下水の汚染，地盤沈下，粉塵の

表 1.1 環境影響評価法の対象事業〔黒川陽一郎：環境アセスメント，土木学会誌，**84**, 5, p.40 (1999)〕

番号	対象事業		第 1 種事業[注1]	第 2 種事業[注2]
1	道 路	高速自動車国道 首都高速道路など 一般国道 大規模林道	すべて 4 車線以上のもの 4 車線・10 km 以上 2 車線・20 km 以上	—— —— 4 車線以上・7.5～10 km 2 車線・15～20 km
2	河 川	ダム，堰 放水路，湖沼開発	湛水面積 100 ha 以上 土地改変面積 100 ha 以上	湛水面積 75～100 ha 土地改変面積 75～100 ha
3	鉄 道	新幹線鉄道 普通鉄道，軌道	すべて 10 km 以上	—— 7.5～10 km
4	飛行場		滑走路長 2 500 m 以上	滑走路長 1 875～2 500 m
5	発電所	水力発電所 火力発電所 地熱発電所 原子力発電所	出力 3 万 kW 以上 出力 15 万 kW 以上 出力 1 万 kW 以上 すべて	出力 2.25 万～3 万 kW 出力 11.25 万～15 万 kW 出力 0.75～1 万 kW ——
6	廃棄物最終処分場		面積 30 ha 以上	面積 25～30 ha
7	公有水面の埋立て，干拓		面積 50 ha 超	面積 40～50 ha
8	土地区画整理事業などの 面整備事業		面積 100 ha 以上	面積 75～100 ha
⋮				
14	港湾計画		埋立て・掘込み面積 300 ha 以上	

注 1)　必ずアセスメントを行う事業
注 2)　当該事業の許認可を行う行政機関が，都道府県知事に意見を聞いてアセスメントを行うか否かを判断する事業

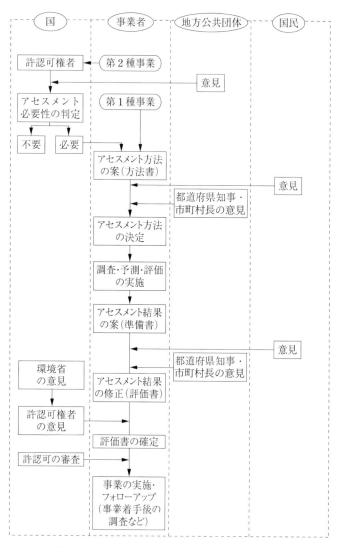

図 1.3　環境影響評価の流れ〔黒川陽一郎：環境アセスメント，土木学
会誌，**84**，5，p.40（1999）〕

発生など種々の項目にわたる。いったん，これらの環境に障害が生じると，そ
の悪影響は広範囲で長期間にわたり，元の状態に戻すことは非常に困難なこと
から，事前の検討を十分に尽くすことが重要である。

1.4　設計，積算と入札

1.4.1　設計書と仕様書

工事が目的とする構造物の内容は，設計書・設計図と仕様書によって表される。

設計書（summary of works）は工事の実施内容全体を表したものである。設計書には，計画書，総括書，内訳書，数量計算書，単価表，歩掛り表などがあり，**設計図**（design drawings）は構造物の形，配置，寸法などを示している。

仕様書（specification）は，工事の使用材料や標準作業方法，目的構造物の規格・品質・性能，および出来形検査の方法などを表したものである。多くの工事に適用できる共通仕様書には，道路橋示方書，コンクリート標準示方書，トンネル標準示方書などがあり，一方，その工事だけに限定して発注者の意図を示したものが特記仕様書である。

1.4.2　積　　　算

積算（estimate）は，目的構造物を定められた設計・仕様で所定の工期内に完成するまでの費用を事前に計算するものであり，見積りともいう。積算の流れは，目的構造物の設計図や仕様書などの詳細を示す現場説明からはじまる。その際には，工事現場の地理的条件や周辺の状況を前もって調査しておくことが必要である。設計図書から各工種の歩掛りや数量を計算して内訳書などの設計書を作成する。そして，最後に実際の工事を想定した施工法や工程を考慮して工事費を計算するが，その際，担当者には十分な技術力や経験が要求される。

請負工事費は，**図 *1.4*** に示すような各種の費用で構成される。

① 　工事原価は，目的構造物を完成させるために直接必要とする費用である。

② 　一般管理費は，役員報酬，本支店の従業員の人件費・福利厚生費や建物

図 1.4 請負工事費の内訳

などの償却費，研究開発費，および租税公課・保険料などであり，企業がその経営活動を維持・運営するために必要な本支店経費と付加利益からなり，工事原価に一般管理費率（約 10 %）を乗じて算出する。

③　直接工事費は，目的構造物を施工するために直接必要な費用であり，材料費，労務費，直接経費からなる。一般に工事原価の 65〜70 % を占める。

・材料費は（価格×数量）で求める。価格は，物価資料などを参考として買い入れ価格，買い入れに要するほかの費用および購入場所から現場までの輸送費の合計額とし，数量は，実際の使用量に運搬・貯蔵および施工中の損失量を加算する。

・労務費は（労務者賃金×所要人数）で求める。労務者賃金は，「公共工事設計労務単価」などを参考とし，所要人数は，過去の実績および検討結果の標準的な歩掛り(単位量の施工に必要な人間や機械の割合)を使用する。

・直接経費は，目的構造物を施工するために直接必要な経費であり，特許使用料，水道・光熱・電力料，機械経費などが含まれる。

④　間接工事費は，目的構造物を施工するために直接消費される費用ではないが，複数の対象工事に対して共通的に投入され，かつ個別の割合を算出できない費用で，工事原価の 30〜35 % を占める。

・共通仮設費は輸送費，準備費，仮設費，安全費，役務費，技術管理費などであり，目的構造物を施工するための仮設備や工事を円滑に遂行するために必要な費用である。

・現場管理費は労務管理費，退職金，法定福利費および福利厚生費，租税公課，保険料，通信交通費，外注経費などが含まれ，現場の工事を管理するために必要な費用である。

1.4.3 入　　　　札

入札（bid）は，工事や物品の発注などにおいて，複数の受注希望者に費用や経費の積み上げにより算出した金額を競わせて契約相手を決める方法である。

入札は，発注者と受注希望者の関係や予定金額などによりつぎの方法がある。

〔**1**〕 **一般競争入札**　　業者の格付け，経営状態など最低限の参加資格を満たせば，受注を希望する業者は自由に参加できる。最も公平な制度で安価で落札されるが，施工能力や信頼性に不安のある業者が落札する可能性もある。

〔**2**〕 **指名競争入札**　　事前に，発注者が工事実績，技術力，経営状態により業者を資格審査しておき，信頼できる複数の業者を指名して入札に参加させ

┃コーヒーブレイク┃

安全第一

「安全第一」，この言葉はどこの現場や工場にも標語として掲げられている。現在では当然のことであり，なんの違和感もないが，昔からこうであったわけではない。

それでは昔の標語はなにであったのだろうか。「生産第一」である。設備や機械に巨額の投資を必要とする当時の産業界において人命は軽視されていた。

1906 年，世界最大の製鉄会社 US スチールの社長ゲーリー氏は事故が多発しけが人が続出したため，人命尊重という人道的立場から会社の方針を「生産第一，品質第二，安全第三」から「安全第一，品質第二，生産第三」に変更して災害の防止に努力した。その結果，事故が減少するとともに生産量，品質とも向上し，会社も繁栄した。その後，この思想はアメリカ全土をはじめ，欧州や日本にも普及した。

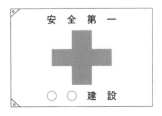

図 *1*

るもので，公共工事に多く用いられる。工事の完遂と品質は確保されやすいが，業者の指名方法や談合など透明性に欠ける場合もある。

　競争入札は，各業者が入札した金額をその場で公開し，発注者が上限として設定した予定価格と下限の最低制限価格の間で，最も安い価格を示した業者が受注できる。ここで，落札率は予定価格に対する落札価格の比率であり，業者間の競争が激しいほど低下し，入札で競争原理が働いたことを示す。また，談合などの不正を防止するために郵便応募型指名競争入札制度などが実施されている。

　一方，価格だけによる落札方法とは異なり，新しい技術や工法の採用，使用材料の省資源化，施工時の安全性や環境への影響などの価格以外の要素を総合的に評価する総合評価方式も用いられている。

　〔3〕　**見積り合わせ**　　競争入札のように入札結果を公表せず，発注者が見積り金額，業者の技術力や信頼度を考慮して落札者を決定する方式で，民間工事で多く採用される。

　〔4〕　**随 意 契 約**　　入札などをせずに，最初から一つの業者に見積りを依頼し，発注者と受注業者との信頼性に基づいて契約を行う方式である。高度な専門知識を必要とする特殊な工事や緊急を要する場合などに用いられる。

1.5　施工のための調査・試験

　構造物を施工する際，建設現場の把握はたいへん重要である。材料や施工機械運搬のための交通事情，気象・海象から文化・風土に至るまで工事に対する影響は少なくない。特に，地盤は構造物と一体として作用し，構造物の機能を維持するためにも密接な関係がある。したがって，工事の計画・施工にあたって，地盤の性質をできるだけ詳しく把握することが重要である。

1.5.1　地 形・地 質
　〔1〕　**地　　　形**　　地形（topography）は地球表面の起伏であり，地殻

変動と侵食・堆積の相互作用によって形成される。地盤の工学的性質は，地形の成因や構造と密接に関係するため，地形的特徴の把握は地盤調査の参考になる。各種の地形について**図1.5**に示し，その特徴と施工性を**表1.2**に示す。

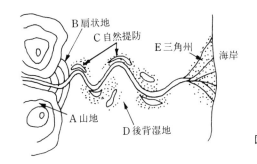

図1.5 各種の地形

表1.2 地形の特徴と施工性

記号	地 形	特 徴	土 質	N 値	施工性 （支持力）
A	山 地	急傾斜，断層，地すべり，山崩れ	硬岩，軟岩，風化土	——	——
B	扇 状 地	同心円等高線，伏流	粗大な砂礫	30 以上	優良
C	自然提防	舌状の微高地	砂質土，小礫	10 以上	良好
D	後背湿地	自然提防の間および背後の低平地	粘土，シルト，細砂，有機質土	10 以下	不良
E	三 角 州	波の静かな河口	細砂，粘土	10 以下	不良

1）山 地 山地は傾斜が急で，断層，地すべり，山崩れ，褶曲（しゅう）など変化に富んだ地形であり，硬岩から風化層に至る複雑な地質からなっている。特に，崖錘（がいすい）は山地部の谷壁に見られ，背面山地の崩壊堆積物で 30～40°の安息角に等しい斜面を形成するもので，空隙（げき）が大きく不安定であることから切土・盛土に対する注意が必要である。

2）丘 陵 丘陵は標高 300 m 程度以下の傾斜の緩い地形であり，火山堆積物や新第三紀の未固結堆積物からなっている。比較的施工性が良く安定していることから，多摩団地（東京），千里団地（大阪）など土地造成の対象になりやすい。

3） 平   野　日本の平野は，約2万年前の後氷期の海面上昇により細粒分が堆積した沖積平野である。山地の側から扇状地，自然堤防，後背湿地，三角州などの地形がある。

1） **扇 状 地**　扇状地は，山地を侵食して流れる急流河川が平地に出ると流速が減少し，それまで運搬してきた粗大な砂礫を堆積したものである。そのために，支持力・透水性が大きく，河川は伏流となる特徴がある。また，施工時には土石流や湧水に注意が必要である。

2） **自 然 堤 防**　自然堤防は，河川で洪水時などに河道からあふれた水が多量の岩屑を堆積するものであり，河道横で等高線が舌状の微高地をなす。砂や小礫の堆積物からなり支持力は良好である。

3） **後 背 湿 地**　後背湿地は，自然堤防と自然堤防の間，またはその背後で洪水時に滞水するところであり，粘性土や泥炭などが堆積している。一般に，水田化されているところが多く，軟弱地盤で支持力は小さい。

4） **三 角 州**　河口の勾配のごく小さいところでは微細運搬物が堆積し，分流して州を作る。表層部は砂質土を主とし，小礫，シルトも見られるが，低層部は粘土層からなりきわめて軟弱な地盤である。また，地震時には液状化の問題がある。

〔**2**〕 **地   質**　地質（geology）は地盤材料の性質であり，その成因，生成時期と環境，その後の履歴，構成材料の種類や状態などが大きく影響する。一般に，新しく堆積した地盤は固結度が低く軟弱であり，古くに堆積したものは固結度は高いが，ひび割れや風化などの問題がある。

成因では堆積岩より火成岩・変成岩のほうが，また，造岩鉱物では長石や雲母などに比べて石英が高強度で変質しにくい。一方，粘土鉱物は物理化学的性質が大きく異なるため，含有する種類と量により地盤の強度，変形，コンシステンシーや化学活性などの性質が決定される。

1.5.2 地 盤 調 査

〔**1**〕 **調 査 段 階**　構造物に関係する地盤に対し，調査・試験に供する試

料はきわめて少量である。また，地盤は不均質であり，精度の高い情報は得がたい。これに対処するため，つぎの段階を踏まえて地盤調査を実施する。

1) **地質的洞察力を働かせる**　　地形図，空中写真，過去の文献，災害事例などの資料から地盤の特性を推察する。

2) **簡単な調査から高度な調査へ**　　含水比や密度などの基本的で簡単な調査から始め，その工事特有の問題となる事象に対処する特殊な調査を行う。

3) **面の調査から線・点の調査へ**　　航空写真や地表探査などの面的調査からボーリングなどの線的調査，サンプリングや原位置試験などの点の調査へと，施工上問題があると考えられる場所および項目に調査の焦点を絞り込んでいく。

〔**2**〕　**物 理 探 査**　　物理探査（geophysical exploration）にはつぎの方法がある。

1)　地 表 探 査　　地表探査（surface exploration）はボーリングなどをせずに，地表から広い範囲や長い距離にわたって迅速に地盤情報を得るもので，各地層の物理的性質の相違から地下構造を推察する。

1) **弾性波探査**　　弾性波探査（elastic wave exploration）は地中を伝わる弾性波の速度から地盤構造を推定する方法であり，地震探査ともいう。爆破などにより発生したP波，S波などの伝播速度を反射法あるいは屈折法で測定して地盤を解析する。**図 1.6** に弾性波探査の例を示す。

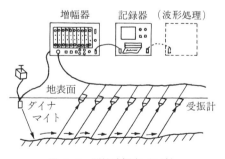

図 **1.6**　弾性波探査（P波）

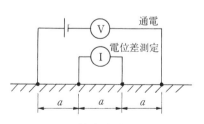

図 **1.7**　電気探査（Wenner の等間隔 4 極法）

2） 電 気 探 査　　**電気探査**（electric prospecting）は地層の電気的性質の違いを利用して地盤構造を推定する方法で，ウェンナー（Wenner）の等間隔4極法が多く用いられる。図 **1.7** に電気探査の例を示す。

3） 音 波 探 査　　**音波探査**（sonic prospecting）は周波数 50～200 kHz の超音波の伝播速度から地盤構造を推定する方法で，周波数が高いほど軟らかい地盤の境界から反射する。主として，海図などを作成する深浅測量に用いられる。図 **1.8** に音波探査の例を示す。

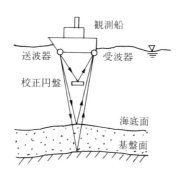

図 **1.8**　音波探査

2）物 理 検 層　　**物理検層**（geophysical logging）はボーリング孔を利用して，孔壁付近の地盤の物理的性質を測定する一種の原位置計測であり，孔内検層ともいう。地表探査と同じ測定原理である速度検層（PS 検層），反射検層，電気検層などのほか，放射性同位元素（ガンマ線や中性子線）を地盤に放射し，その散乱・吸収の度合いを計測してボーリング孔壁近くの地盤の密度や含水比を測定する放射能検層などがある。

1.5.3　ボ ー リ ン グ

ボーリング（boring）は，回転する中空ロッドに送水し，掘削泥水をロッドと孔壁の間を上昇させて直径約 10 cm の竪穴を掘るものであり，地盤深部からのサンプリングと各種孔内検層や原位置試験を行う試験孔として利用する。

　ボーリングは手動で軟らかい層を掘削するハンドオーガーボーリングと，硬岩にも対応できるロータリー式ボーリング，パーカッション式ボーリングがあ

る。

　ボーリングの機種選択は，① サンプリングや原位置試験を行うために必要な口径，② 地盤の硬軟・掘削深度・工程に対する掘削能力，③ 騒音や振動，作業用水の確保と泥水処理などの環境を考慮して決定する。

1.5.4 サンプリング

　観察や室内土質試験のための試料を得ることを**サンプリング**（sampling）という。これには粒度や含水比などを知るための乱した試料を取る方法と，強度や圧密特性などを知るための乱さない試料を取る二つの方法がある。

　①　乱した試料の採取方法を**図 *1.9*** に示す。

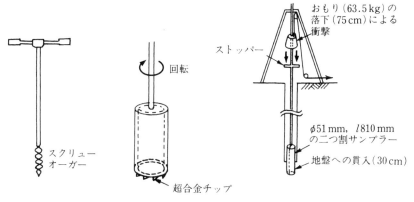

（*a*）　ハンドオーガー　　　（*b*）　コアボーリング　　　（*c*）　標準貫入試験用サンプラー
　　　　ボーリング

図 *1.9* 乱した試料の採取方法

・図（*a*）に示すハンドオーガーボーリングはスクリューオーガーを先端に装着したロッドを回転圧入するもので，試料は完全に乱される。

・図（*b*）に示すコアボーリングは中空円筒を回転・貫入するもので，固結地盤では乱されない長さ 1 m 以内の試料が採取できる。しかし，未固結地盤はねじりを受けて乱される。

・図（*c*）に示す標準貫入試験用サンプラーは二つ割のサンプラーを打撃・

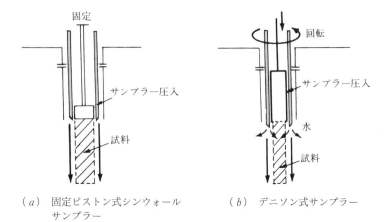

（*a*）　固定ピストン式シンウォール
　　　　サンプラー

（*b*）　デニソン式サンプラー

図1.10　乱さない試料の採取方法

貫入するもので，超軟弱土や礫質土以外の土質に適用できる。

② 　乱さない試料の採取方法を**図1.10**に示す。

・図（*a*）に示す固定ピストン式シンウォールサンプラーは，ボーリング孔
底で内蔵のピストンが下がらないように地上で固定し，サンプリングチュ
ーブを地盤に圧入して試料を採取する。

・図（*b*）に示すデニソン式サンプラーは二重管からなるサンプラーで，外
管を回転しながら泥水ボーリングを行い，内管は回転せずに静的に地盤に
圧入する。地盤の硬さや土質に応じた押込み力，回転速度，泥水の送水圧
などの熟練した技術力が必要である。

　以上の二つの方法は，いずれも N 値0〜4程度の軟弱な粘性土に適して
いる。

　一方，凍結サンプリングはおもに砂質地盤に用いる工法である。液体窒素
や塩化カルシウムなどにより地盤を凍結した後にブロックサンプリングする
もので，乱れの少ない試料が得られるが，調査費は高価である。

1.5.5　原 位 置 試 験

原位置試験（in situ test）は，現場のあるがままの位置で地盤の性質を求め

るもので，サンプリング試料を用いた室内試験に対比して用いられる。

　サウンディング（sounding）は代表的な原位置試験で，先端に各種コーン・サンプラー・抵抗翼を付けた丸鋼の打込み・圧入・回転・引抜きなどにより，地盤の抵抗を測定するもので，そのほかに各種検層類，載荷試験，地下水位の測定，CBR 試験などがある。

1.6　環境保全のための調査・試験

　公害の防止，良好な環境の保全は，地球規模の人類の願望であり，責務でもある。公害は，「事業活動その他の人間活動に伴って生じ，人の健康または生活環境に関わる被害」であり，大気・水質・土壌汚染，騒音，振動，地盤沈下，および悪臭を典型 7 公害と呼んでいる。

〔**1**〕　**大気汚染**　　**大気汚染**（air pollution）は，工場や事業所からのばい煙・自動車の排ガスなどの大気への放出により，人の健康や生活環境の阻害要因になるものである。汚染物質のおもなものは，硫黄酸化物（SO_x），窒素酸化物（NO_x），一酸化炭素（CO），浮遊粒子状物質（SPM），炭化水素（HC）などである。

　ドイツやポーランドでは石炭の燃焼による硫黄酸化物により pH 5.6 以下の酸性雨が降り，湖の魚が死んだり，農作物の被害や森林が枯渇した例も報告されている[2]。

表 **1.3**　大気の汚染に係る環境基準
（人の健康の保護に関する環境基準）

物質	二酸化硫黄	一酸化炭素	浮遊粒子状物質	光化学オキシダント
環境上の条件	1 時間値の 1 日平均値が 0.04 ppm 以下であり，かつ 1 時間値が 0.1 ppm 以下であること。	1 時間値の 1 日平均値が 10 ppm 以下であり，かつ 1 時間値の 8 時間平均値が 20 ppm 以下であること。	1 時間値の 1 日平均値が 0.10 mg/m³ 以下であり，かつ 1 時間値が 0.20 mg/m³ 以下であること。	1 時間値が 0.06 ppm 以下であること。

「大気汚染防止法（法律第 97 号）」では測定方法，望ましい環境基準とその達成期間を示している。大気の汚染に係る環境基準を**表 1.3** に示す。

〔**2**〕　**水　質　汚　濁**　　河川・湖沼・海域などの公共水域は，上水や工業水の水源，および魚介類の生育の場であり，**水質汚濁**（water pollution）が生じないように一定の水質を維持することが必要である。水質を判定する項目は，水素イオン濃度（pH），生物化学的酸素要求量（BOD），化学的酸素要求量（COD），浮遊物質量（SS），溶存酸素量（DO），ノルマルヘキサン抽出物質量（油分）などがある。

表 1.4　水質汚濁に係る環境基準

（*a*）　人の健康の保護に関する環境基準（単位：〔mg/*l*〕）

項　目	カドミウム	全シアン	鉛	六価クロム	ヒ素	総水銀	アルキル水銀	PCB
基準値	0.01 以下	検出されないこと	0.01 以下	0.05 以下	0.01 以下	0.0005 以下	検出されないこと	検出されないこと

（*b*）　生活環境の保全に関する環境基準

河川（湖沼を除く）

類型＼項目	利用目的の適応性	基　準　値 水素イオン濃度（pH）	生物化学的酸素要求量（BOD）	浮遊物質量（SS）	溶存酸素量（DO）	大腸菌群数
AA	水道 1 級自然環境保全	6.5 以上8.5 以下	1 mg/*l* 以下	25 mg/*l* 以下	7.5 mg/*l* 以上	50 MPN/100 m*l* 以下
A	水道 2 級水産 1 級水　浴	6.5 以上8.5 以下	2 mg/*l* 以下	25 mg/*l* 以下	7.5 mg/*l* 以上	1 000 MPN/100 m*l* 以下
B	水道 3 級水産 2 級	6.5 以上8.5 以下	3 mg/*l* 以下	25 mg/*l* 以下	5 mg/*l* 以上	5 000 MPN/100 m*l* 以下
C	水産 3 級工業用水 1 級	6.5 以上8.5 以下	5 mg/*l* 以下	50 mg/*l* 以下	5 mg/*l* 以上	――
D	工業用水 2 級農業用水	6.0 以上8.5 以下	8 mg/*l* 以下	100 mg/*l* 以下	2 mg/*l* 以上	――
E	工業用水 3 級環境保全	6.0 以上8.5 以下	10 mg/*l* 以下	ごみなどの浮遊が認められないこと	2 mg/*l* 以上	――

「水質汚濁防止法（法律第138号）」によると，水質の環境基準は「人の健康の保護に関するもの（26項目）」と，「生活環境の保全に関するもの」に分けて定められている。それらの一部を**表1.4**に示す。

〔**3**〕　**土　壌　汚　染**　　土壌は岩石が風化・細粒化されたもので，汚染物質をろ過・吸着して水質や大気を浄化する働きがあり，生態系をはじめとする環境保全に大きく貢献している。**土壌汚染**（soil contamination）は浄化能力を上回る汚染が進行するため，地下水が汚濁し，そこで育成される農作物や畜産物が汚染されることになり，その影響は少なくない。

土壌汚染の測定方法と基準は「土壌の汚染に係る環境基準（環境庁告示第46号）」に定められている。これを**表1.5**に示す。また，農用地は，食料生産を通して人の健康を保護し，生活環境を保全する観点から「農用地の土壌の汚染防止に関する法律（法律第139号）」を定め，特定有害物質としてカドミウム，ヒ素，銅の3項目の基準とその達成期間を示している。

また，1991年の湾岸戦争や船舶事故時の流出オイルの除去や，有機塩素系化合物の浄化など，微生物を用いて有害物質を除去する**バイオレメディエーシ**

表1.5　土壌の汚染に係る環境基準

項　　　目	環　境　上　の　条　件
カドミウム	検液1 l につき0.01 mg以下であり，かつ農用地においては，米1 kgにつき1 mg未満であること。
全シアン	検液中に検出されないこと。
有機リン	検液中に検出されないこと。
鉛	検液1 l につき0.01 mg以下であること。
六価クロム	検液1 l につき0.05 mg以下であること。
ヒ　素	検液1 l につき0.01 mg以下であり，かつ農用地（田に限る）においては，土壌1 kgにつき15 mg未満であること。
総水銀	検液1 l につき0.000 5 mg以下であること。
アルキル水銀	検液中に検出されないこと。
PCB	検液中に検出されないこと。
銅	農用地（田に限る）において，土壌1 kgにつき125 mg未満であること。

ョン（bioremediation）も実用化されている。

〔**4**〕 **騒 音** 騒音（noise）は，人々の生活において聞きたいと思う情報以外の音や不快に感じる音をいう。騒音の大きさは，空気中を伝播する音波のエネルギーである音圧レベルのデシベル〔dB〕で表される。周波数の違いにより，同じ音圧レベルでも人に与える影響は異なり，ホン（phon）は周波数が 1 000 Hz のときの音圧レベルである。

「騒音規制法（法律第 98 号）」によると，騒音の測定は JIS C 1502-1990 に定められた騒音計を用いる。騒音には工場や事業所などから定常的に発生するものや，建設騒音のように間欠的に発生するものなど種々のものがあり，それぞれに合った測定・整理方法を選択する必要がある。騒音の大きさの決定方法を**表 1.6** に示す。

特定建設作業に指定されている杭打ち機，びょう打ち機，削岩機，空気圧縮機を用いる作業，およびコンクリートプラント，アスファルトプラントにおけ

表 1.6 騒音の大きさの決定方法〔日本建設機械化協会：建設工事に伴う騒音振動対策ハンドブック（第 3 版），p.49，日本建設機械化協会（2001）〕

種 類	定常騒音	変動騒音	間欠騒音	衝 撃 騒 音	
				分離衝撃騒音	準定常衝撃騒音
レベル変動パターン					
発生源の例	コンプレッサー	油圧ショベル	重ダンプカー	発破	削岩機 コンクリートブレーカー
JISによる定義	レベルの変化が小さく，ほぼ一定とみなされる騒音	レベルが不規則かつ連続的に，かなりの範囲にわたって変化する騒音	間欠的に発生し，一回の継続時間が数秒以上の騒音	一つの事象の継続時間がきわめて短く，個々の事象が独立に分離できる騒音	ほぼ一定レベルの個々の事象が，きわめて短い時間間隔で繰り返し発生する騒音
騒音レベル	指示値の平均値	測定値の 90 ％レンジの上端の値	指示値の最大値の平均値	測定値の 90 ％レンジの上端の値	指示値の最大値の平均値

表 *1*.7　杭打ち・杭抜き作業の基準

法律	基準値〔dB〕	規制に関する作業				備　考
		夜間または深夜作業の禁止	1日の作業時間の制限	作業期間の制限	日曜日，その他の休日の作業禁止	
騒音規制法	85	1号区域：午後7時から翌日の午前7時まで	1号区域：1日につき10時間	同一場所において連続6日間	日曜日，その他の休日	もんけん，圧入式杭打ち杭抜き機または杭打ち機をアースオーガーと併用する作業を除く。
振動規制法	75	2号区域：午後10時から翌日の午前6時まで	2号区域：1日につき14時間			もんけんおよび圧入式杭打ち機を除く。油圧式杭抜き機を除く。圧入式杭打ち杭抜き機を除く。

〔注〕　1号区域，2号区域の区分は，都道府県知事が指定する

る騒音の規準は，工事が行われる敷地の境界で85 dB以下と定められている。**表 *1*.7**は杭打ち・杭抜き作業の基準である。

〔**5**〕　**振　　動**　　工場，建設現場，交通機関などからの不要で不快に感じる**振動**（vibration）が「振動規制法（法律第64号）」の対象となる。振動の大きさは，次式の振動加速度レベル *VL*〔dB〕で表される。

$$VL = 20 \log_{10} \frac{A}{A_0} \qquad (1.1)$$

ここで，*A*：振動加速度〔m/s²〕，A_0：振動加速度の基準値（10^{-5} m/s²，人が振動を感じる最小の振動加速度の1/1 000）である。

　振動の測定は，JIS C 1510-1995に定められた「振動レベル計」と「周波数分析器」を用い，周波数バンドごとの振動加速度を測定する。そして，騒音と同様，振動の発生形態に応じて整理方法を選択する。

　特定建設作業は，杭打ち・杭抜き機，鋼球を用いる建築物破壊機，舗装版破砕機およびブレーカーを用いる作業であり，工事が行われる敷地の境界において75 dB以下と定められている。杭打ち・杭抜き作業の基準は**表 *1*.7**である。

〔**6**〕　**地 盤 沈 下**　　**地盤沈下**（ground subsidence）は，洪水時の浸水被

害の増大をはじめ，傾斜やひび割れなどを生じて構造物に悪影響を与える。地盤沈下のおもな原因は，地下水の汲み上げと，盛土などによる地盤の間隙の収縮や土の側方流動に伴うものに分けられる。

地盤沈下量の測定は，水準測量によるほか，沈下計や傾斜計で行われる。許容沈下量は，地盤の種類，構造物の利用・構造形態や重要度に応じて決定される。

〔7〕悪　　臭　　悪臭（offensive odor）は人を不快にさせる臭いであり，ひどい場合には吐き気や頭痛を催すこともある。悪臭は，その種類により性質や強さ（刺激量）が異なり，人が臭いを感知できる最低の濃度は，アンモニアで0.1 ppm，アセトアルデヒドで0.002 ppm，硫化水素で0.000 5 ppmである。

悪臭の測定方法は「特定悪臭物質の測定の方法（環境庁告示第9号）」で，また規制基準は「悪臭防止法（法律第91号）」に定められている。ここでの基準値は，敷地境界などでの臭気物質の濃度〔ppm〕や人間の嗅覚で感知できなくなる希釈倍数であり，規制地域によって異なるが，その代表的なものが**表1.8**である。

表 1.8　代表的な特定悪臭物質と濃度の規制基準の範囲

特定悪臭物質	アンモニア	メチルメルカプタン	硫化水素	硫化メチル	アセトアルデヒド
濃度規制基準の範囲〔ppm〕	1〜5	0.002〜0.01	0.02〜0.2	0.01〜0.2	0.05〜0.5

1.7　工　事　用　測　量

一般の測量とは異なり，工事を施工するために必要な測量が**工事用測量**（construction survey）である。工事用測量は，工事の施工基準を示す中心杭，施工基面や仕上げ高さを示す水準点，鉄筋や型枠組の位置を示す墨打ちおよび丁張などを設置することである。

1）丁　　張　　丁張（遣り型）は掘削，盛土や石積みなどの目的構造物の位置，水準および勾配などの施工基準を杭と貫で表して，施工時の目安とする仮設物である。盛土では貫を土中に埋め込み，石積みでは石の表面より約 10 cm 浮かせて設置する。図 **1.11** に丁張の例を示す。

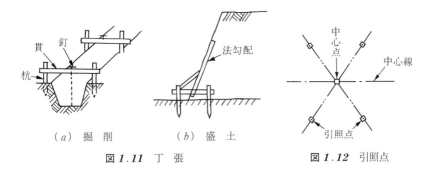

（*a*）掘　削　　　　　　（*b*）盛　土

図 **1.11**　丁　張　　　　　　　図 **1.12**　引照点

2）引　照　点　　工事中に破損や移動する可能性のある中心点や曲線の始点・終点などの重要な点を，施工中安全で，かつ間違いなく容易に再現できるように設置する点を引照点という。その一つの例が図 **1.12** である。

演　習　問　題

【1】　環境影響評価を実施する流れを簡単に説明せよ。

【2】　入札方法の種類と特徴について説明せよ。

【3】　地表探査の種類と特徴について説明せよ。

【4】　工事のための地質調査について，地盤は不均質であり，広範囲にわたるため，高い精度の情報は得がたい。そのためどのような段階をふまえて実施するか。

【5】　つぎの語句を説明せよ。
　　　（1）　仕様書　（2）　一般管理費　（3）　歩掛り　（4）　丁張
　　　（5）　崖錐　（6）　後背湿地

2

建設機械施工

　近年の建設工事の施工は，機械化，情報化，自動化が中心といっても過言ではない。機械化により不可能な工事を可能とし，過酷な労働からの開放や労働力不足を補い，情報化，自動化により大規模工事を能率・品質良く施工することができる。一方，これらの達成のためには多額の資本や経費を必要とするとともに，建設機械や情報通信技術の特性をよく知り，合理的な使用と管理が重要となる。この章では各種建設機械の施工能率と経費の知識を得るとともに，i-Construction を主体とする新しい建設機械施工について解説する。

2.1　建設機械の作業能力の算定

　建設機械の作業能力は，一般に作業機械の時間当りの平均作業量で表す。この時間当りの作業能力は，次式で求められる。

$$Q = qnfE \tag{2.1}$$

ここで，Q：作業能力〔m³/h〕，q：1作業サイクル当りの標準作業量〔m³〕，n：時間当りの作業サイクル数で，サイクルタイムを C_m とすれば，$n=60/C_m$〔min〕，または $3\,600/C_m$〔s〕で求められる。また，f：土量換算係数，E：作業効率である。

　上式の土量換算係数 f は，作業の前後における土の状態の変化を考慮するもので，作業の内容によって**表2.1**および**表2.2**に示す係数を使用する。なお，表中の土量の変化率は，地山の土量を基準にしたとき，ほぐした土量の変化率 L＝ほぐした土量〔m³〕/地山の土量〔m³〕，締め固めた土量の変化率 C＝締め固めた土量〔m³〕/地山の土量〔m³〕である。また，作業効率 E は，

表 2.1 土量換算係数 *f*

求める作業量 基準の作業量	地山の土量	ほぐした土量	締め固めた土量
地山の土量	1	*L*	*C*
ほぐした土量	1/*L*	1	*C*/*L*
締め固めた土量	1/*C*	*L*/*C*	1

表 2.2 土量の変化率〔日本道路協会：道路土工―施工指針（改訂版），p.33，丸善（1999）〕

土 の 種 類		地山に対する容積比	
		ほぐした土量の変化率 *L*	締め固めた土量の変化率 *C*
岩または石	硬　　　岩	1.65～2.00	1.30～1.50
	中 硬 岩	1.50～1.70	1.20～1.40
	軟　　　岩	1.30～1.70	1.00～1.30
	岩塊・玉石	1.10～1.20	0.95～1.05
礫混じり土	礫	1.10～1.20	0.85～1.05
	礫 質 土	1.10～1.30	0.85～1.00
	固結した礫質土	1.25～1.45	1.10～1.30
砂	砂	1.10～1.20	0.85～0.95
	岩塊・玉石混じり砂	1.15～1.20	0.90～1.00
普 通 土	砂 質 土	1.20～1.30	0.85～0.95
	岩塊・玉石混じり砂質土	1.40～1.45	0.90～1.00
粘性土など	粘 性 土	1.20～1.45	0.85～0.95
	礫混じり粘性土	1.30～1.40	0.90～1.00
	岩塊・玉石混じり粘性土	1.40～1.45	0.90～1.00

現場の地形や土質の状態によって決められるものである。

2.1.1 ブルドーザーの作業能力

　ブルドーザーの作業能力は，次式で求められる。

$$Q = \frac{60\,qfE}{C_m} \tag{2.2}$$

ここで，Q：作業能力〔m³/h〕，q：1回の掘削押土量で，q_0 を土工板容量〔m³〕，ρ を押土距離と勾配に関する係数とすれば，$q = q_0\rho$ で求められる。土工板容量，押土距離と勾配に関する係数について**表 2.3，表 2.4** に示す。また，f：土量換算係数で，1回の掘削押土量がほぐした土量 q であるから，作

表2.3 ブルドーザーの規格と作業量〔日本道路協会：道路土工―
施工指針（改訂版），p.57，丸善（1999）〕

形 式	規格〔t級〕	出力〔kW〕	質量〔t〕	土工板寸法〔m〕 $L \times H$	土工板容量 q_0〔m³〕	接地圧〔kPa〕	土工板型式
普通形	3	29	3.6	2.17×0.59	0.52	36	アングル
	6	49	6.3	2.42×0.82	1.13	49	〃
	8	64	9.7	3.16×0.73	1.17	56	〃
	11	85	12.2	3.71×0.87	1.95	59	〃
	15	111	15.0	3.92×1.00	2.72	62	〃
	21	156	22.2	3.70×1.30	4.33	73	ストレート
	32	230	38.6	4.13×1.59	7.23	103	〃
	43	301	50.8	4.32×1.88	10.58	124	〃

表2.4 押土距離と運搬路の勾配に関する係数 ρ〔日本道路
協会：道路土工―施工指針（改訂版），p.58，丸善（1999）〕

勾配〔%〕 ＼ 押土距離〔m〕		20	30	40	50	60	70	80
平たん	0	0.96	0.92	0.88	0.84	0.80	0.76	0.72
下 り	5	1.08	1.03	0.99	0.94	0.90	0.85	0.81
	10	1.23	1.18	1.13	1.08	1.02	0.97	0.92
	15	1.41	1.35	1.29	1.23	1.18	1.12	1.06
上 り	5	0.85	0.82	0.78	0.75	0.71	0.68	0.64
	10	0.77	0.74	0.70	0.67	0.64	0.61	0.58
	15	0.70	0.67	0.64	0.61	0.58	0.56	0.53

表2.5 ブルドーザーの作業効率 E〔日本道路協会：道路土工―
施工指針（改訂版），p.59，丸善（1999）〕

土 の 種 類	作 業 効 率	備 考
岩塊・玉石	0.20〜0.35	固結しているものは，下限側となる
礫混じり土	0.30〜0.55	
砂	0.40〜0.70	
普 通 土	0.35〜0.60	トラフィカビリティーの良否による影響が大きい
粘 性 土	0.30〜0.60	

〔注〕 現場の作業条件の良否に応じ，この幅のなかで変化する。作業条件が
（良い，ふつう，悪い）に応じ，（上限側，中央，下限側）に対応する。

業量 Q を地山の土量に対して求めるとすると，$f = 1/L$（L＝ほぐした土量/
地山の土量）となる。 E：作業効率であり，**表2.5** を参考に求める。一
方，C_m：サイクルタイム〔min〕は，次式により求める。

$$C_m = \frac{l}{V_1} + \frac{l}{V_2} + t_g$$

ここで，l：平均掘削押土距離〔m〕，　V_1，V_2：前進および後進速度〔m/min〕，t_g：ギア入替えなどに要する時間で，一般に 0.25 min とする。

2.1.2 ショベル系掘削機の作業能力

ショベル系掘削機の時間当りの作業能力は，次式で求められる。

$$Q = \frac{3\,600\,qfE}{C_m} \tag{2.3}$$

ここで，Q：作業能力〔m³/h〕，q：1回の掘削土量で，q_0 をバケット容量，K をバケット係数（土質によるバケットへの盛りやすさを示すもの）とすれば，$q = q_0 K$ である。バケット容量，バケット係数について**表2.6**，**表2.7**に示す。f：土量換算係数，E：作業効率で一般に 0.5〜0.8 とする。

表2.6　バックホーとクラムシェルの規格〔日本道路協会：道路土工一施工指針（改訂版），p.80，丸善（1999）〕

種　　別	型　　式	規　格〔m³級〕	出　力〔kW〕	重　量〔kN〕	バケット容　量〔平積 m³〕	接地圧〔kPa〕
バックホー	油圧式クローラー形	0.35	55	105.0	0.35	38
		0.4	63	115.8	0.40	40
		0.6	87	183.4	0.60	43
		0.7	104	213.9	0.75	51
クラムシェル	油圧式クローラー形	0.3	55	105.0	0.30	39
		0.6	88	183.4	0.60	44
	機械式クローラー形	0.8	78	428.7	0.80	62

表2.7　バケット係数 K〔日本道路協会：道路土工一施工指針（改訂版），p.81，丸善（1999）〕

土の種類	油圧式バックホー	クラムシェル	備　　考
岩塊・玉石	0.45〜0.75	0.40〜0.70	山盛になりやすいもの，
礫混じり土	0.50〜0.90	0.45〜0.85	かさばらず空隙の少ないもの，
砂	0.80〜1.20	0.75〜1.10	掘削の容易なもの，
普　通　土	0.60〜1.00	0.55〜0.95	などは，大きな係数を与える。
粘　性　土	0.45〜0.75	0.40〜0.70	

C_m：サイクルタイムで，**表2.8**を参考に求める。

なお，ショベル系掘削機の特徴と選択基準について示すと，**表2.9**のようである。

表2.8 ショベル系掘削機のサイクルタイム C_m（単位：〔s〕）〔日本道路協会：道路土工ー施工指針（改訂版），p.81，丸善（1999）〕

機　種	バックホー*	クラムシェル**	パワーショベル	備　考
規　格	油圧式クローラー形	機械式クローラー形	機械式クローラー形	
掘削程度（土の種類）	0.3〜0.6m³級	0.8m³級	0.6m³級	
容易な掘削（砂）	20〜29	30〜37	14〜23	旋回角度，掘削深度の大きいものは上限側の値を与える。
中位の掘削（普通土）	23〜32	33〜42	16〜27	
やや困難な掘削（粘性土礫混じり土）	27〜36	37〜46	19〜32	
困難な掘削（岩塊・玉石）	31〜41	42〜48	21〜35	

*　容量の大きい機種は上限側の値を与える。
**　掘削深さ5m程度までのもので，狭い所の掘削には適用しない。

表2.9 ショベル系掘削機の特徴と選択基準〔土木学会編：新版 土木工学ハンドブック 中巻，p.1580，表-1.8，技報堂出版（1974）〕

		ショベル	バックホー	ドラグライン	クラムシェル
	掘　削　力	◎	◎	○	△
掘削材料	硬い土や岩	◎	◎	×	×
	中程度の硬さの土	◎	◎	○	○
	軟らかい土	◎	◎	○	○
	水中掘削	△	○	◎	◎
掘削位置	地面より高いところ	◎	△	△	○
	地　上	○	○	○	○
	地面より低いところ	△	◎	◎	◎
	広い範囲	△	△	◎	○
	正確な掘削	◎	◎	△	◎
適応作業	高い山の切取り	◎	×	×	×
	基礎根掘り	△	◎	○	◎
	広いV形溝の掘削	○	◎	◎	△
	狭いV型溝の掘削	△	◎	△	○
	表土はぎ取り整地	○	△	◎	×
	法面の成形仕上げ	△	○	△	△
	埋戻し作業	△	△	○	○
	舗装面破砕積込み	×	○	×	○
	物上げウィンチ作業	△	△	○	◎

〔注〕 表中の記号　◎：最適，○：普通，△：能率悪い，×：不適当

2.1.3 ダンプトラックの作業能力

ダンプトラックの作業能力は，次式で求められる。

$$Q = \frac{60 q_0 f E}{C_m} \qquad (2.4)$$

ここで，Q：作業能力〔m³/h〕，q_0：1回の積載土量〔m³〕で，荷台の大きさの制約と重量の制約の二つの要素から決められる。すなわち，q_0 は次式により求められる最大積載重量時のほぐした状態の土の容積 V〔m³〕を求め，その値と使用するダンプトラックの**表2.10**に示す平積容量と比較し，小さいほうの値を積載土量とする。

$$V = \frac{WL}{\gamma}$$

ここで，W：ダンプトラックの最大積載重量〔kN〕，L：土量の変化率，γ：地山の土の単位容積重量〔kN/m³〕である。地山の土の単位容積重量を**表2.11**に示す。また，f：土量換算係数，E：作業効率で，道路の通行条件（沿道環境，路面状態，昼夜の別など）により異なるが，一般に0.9程度とする。

表2.10 普通ダンプトラックの規格〔日本道路協会：道路土工—施工指針（改訂版），p.88，丸善（1999）〕

規　格〔t級〕	出　力〔kW〕	最　大積載重量〔kN〕	平積容量〔m³〕	荷台寸法〔m〕			重量〔kN〕
				長　さ	幅	高　さ	
2	72	19.6	1.54	3.02	1.60	0.32	22.6
4	125	39.2	2.66	3.40	2.02	0.39	35.3
8	163	78.5	5.26	4.50	2.20	0.53	68.7
11	232	107.9	7.27	5.10	2.30	0.62	82.4

サイクルタイム C_m〔min〕は，次式により求める。

$$C_m = \frac{C_{ms} n}{60 E_s} + t_1 + t_2 + t_3$$

ここで，C_{ms}：積込み機械のサイクルタイム〔s〕であり，これを**表2.8**に示す。

また，n：1台のダンプトラックの積込みに要する積込み機械のサイクル回

表 2.11　地山の土の単位容積重量 γ

土の名称と状態		単位容積重量 〔kN/m³〕
岩 石	硬岩	25〜28
	中硬岩	23〜26
	軟岩	22〜25
	岩塊・玉石	18〜20
	礫	18〜20
礫質土	乾いていて緩いもの	18〜20
	湿っているもの，固結しているもの	20〜22
砂	乾いていて緩いもの	17〜19
	湿っているもの，固結しているもの	20〜22
砂質土	乾いているもの	16〜18
	湿っているもの，締っているもの	18〜20
粘性土	普通のもの	15〜17
	非常に硬いもの	16〜18
	礫混じりのもの	16〜18
	礫混じりで湿ったもの	19〜21
粘 土	普通のもの	15〜17
	非常に硬いもの	16〜18
	礫混じりのもの	16〜18
	礫混じりで湿ったもの	19〜21

数で，次式で求める。

$$n = \frac{q_0}{q_s K}$$

ここで，q_s：積込み機械のバケット容量〔m³〕，K：バケット係数であり，それぞれ**表 2.6**，**表 2.7** に示している。E_s：積込み機械の作業効率で，一般に 0.5〜0.8 程度である。

また，t_1，t_2：往路，復路の走行時間〔min〕で，次式により求める。

$$t_i = 60 \frac{D_i}{V_i} \quad (i = 1 \text{ または } 2)$$

ここで，D_1，D_2：往路，復路の走行距離〔km〕であり，V_1，V_2：往路，復路の走行速度〔km/h〕，t_3：ダンプトラックの待ち時間〔min〕である。参考として，ダンプトラックのサイクルタイムを構成する要素の数値を，**表 2.12** に示している。

表 2.12 ダンプトラックのサイクルタイムの構成要素の数値〔日本道路
協会：道路土工—施工指針（改訂版），p.90，丸善（1999）〕

項　　　目	数　　値		備　　　考
平均車速〔km/h〕	積　荷	20〜35	2車線以上の公道
V_1, V_2	空　荷	20〜40	〃
平均車速〔km/h〕	積　荷	5〜25	現場内または2車線未満の公道
V_1, V_2	空　荷	10〜30	〃
積込み時間をのぞく待ち時間 t_3〔min〕	5〜12		・荷卸し時間 ・積込場所に到着してから積込みが開始されるまでの時間 ・シート掛けはずし時間 ・タイヤ洗浄時間

また，積込み機械を有効に稼働させるためのダンプトラックの台数 m は，
次式で求められる。

$$m = \frac{Q_S}{Q_D} \qquad (2.5)$$

ここで，Q_S：積込み機械の時間当りの作業量〔m³/h〕，Q_D：ダンプトラック
1台の時間当りの作業量〔m³/h〕である。

2.2　建設機械の運営と管理

2.2.1　機 械 経 費

　工事費を見積もる場合，使用する建設機械の運用に必要な経費を正しく算出
することが必要である。この経費を機械経費というが，これは**図 2.1** に示さ
れる費用から構成される。図中の減価償却費だけは運用時間が長くなるほど低
下するが，それ以外の費用は運用時間にほぼ比例して増加する。

　工事費に占める機械経費の割合は工種によって異なるが，道路工事において
は約30％程度といわれ，その機械経費を100％とすると，機械損料50％，運
転経費45％，そのほか5％程度となっている。

　機械経費の算定における作業単価は，1時間当りの機械経費を1時間当りの
作業量で割った値であり，機械施工による工事費は，（作業単価）×（作業量）

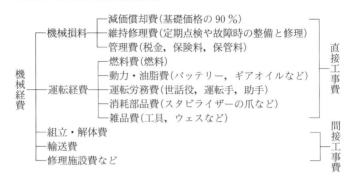

図 2.1 機械経費の構成

を基本として求められる。

2.2.2 機 械 損 料

　機械損料とは，機械の使用料のことであり，**図 2.1** に示されるように，減価償却費，維持修理費，管理費から構成される。減価償却費は，耐用年数内に購入価格の 90 ％を償却するものとして計算される。維持修理費は，それぞれ定期的および故障時に必要とする整備や修理の費用である。管理費は，機械を保有するために必要な税金，保険料，保管料などの費用である。

　これらの費用を含めて，機械損料は次式で求められる。

表 2.13 機械損料の例〔旧建設省平成 2 年度算定基準〕

機 械 名	規 格	耐用年数〔年〕	年 間 基 準 運転時間〔時間〕	年 間 基 準 運転日数〔日〕	標準のときの運転 1 時間当り機械損料額〔円〕	摘 要
ブルドーザー（普通）	21 t 級	6	750	120	9 430	
バックホー（油圧式クローラー形）	0.6 m³ 級	5	1 000	180	4 510	
トラクターショベル（クローラー形）	バケット山積容量 1.2〜1.3 m³ 級	6	590	110	4 000	
ダンプトラック（普通）	11 t 級	5	1 400	220	2 440	タイヤの損耗費は含まない
振動ローラー（搭乗式コンバインド形）	質量 3〜4 t 級	6	450	100	2 980	

機械損料＝(1 時間当りの機械損料)×(運転時間)

なお，機械損料の例を**表 2.13** に示す。

2.2.3 運 転 経 費

運転経費は，建設機械の運転に必要な費用のことであり，**図 2.1** に示すように，燃料費，動力・油脂費，運転労務費，消耗部品費，雑品費などから構成される。この運転経費は，次式で求められる。

運転経費＝(1 時間当りの運転経費)×(運転時間)

表 2.14 に運転 1 時間当りの燃料，油脂消費量および歩掛りの例を示す。

表 2.14　運転 1 時間当りの燃料，油脂消費量および歩掛りの例
〔旧建設省平成 2 年度算定基準〕

機 械 名	ブルドーザー		ショベル系		ダンプトラック	
規 格	11 t 級	21 t 級	0.3 m³ 級	0.6 m³ 級	5 t 級	8 t 級
軽 油〔*l*〕	6〜12	14〜19	3〜4	6〜9	4.5〜5.5	6〜7
エンジンオイル〔*l*〕	0.3	0.6	0.1	0.25	0.1	0.13
ギアオイル〔*l*〕	0.08	0.15	0.03	0.05	0.04	0.06
グリース〔kg〕	0.06	0.10	0.03	0.06	0.02	0.04
運転手〔人〕	0.2	0.2	0.2	0.2	0.17	0.17
助 手〔人〕	0.1	0.1	0.1	0.1	——	——
世話役〔人〕	0.05	0.05	0.05	0.05	——	——

2.2.4 建設機械の所要台数

作業を行うために必要な建設機械の所要台数を求める。いま，作業量 Q に必要な機械台数を N〔台〕，1 時間当りの作業量を Q_0〔m³/h〕，1 日の純作業時間を H〔h/日〕，機械の実稼働率を P〔%〕，工期を T〔月〕とすると

1 日の作業量＝$Q_0 HN$

工期中の実働日数＝$\dfrac{30\,TP}{100}$

であるから，全作業量 Q〔m³〕は次式で示される。

$$Q = Q_0 HN \times \frac{30\,TP}{100}$$

これより機械の所要台数 N〔台〕を求めると，つぎのようになる。

$$N = \frac{10\,Q}{3\,Q_0 HTP} \tag{2.6}$$

2.3 新しい建設機械施工技術

2.3.1 情 報 化 施 工

建設生産プロセスには主として，調査，設計，施工，維持管理がある。国土交通省は，この中で施工に関するさまざまな情報を他のプロセスの情報と相互に連携させることにより，建設生産プロセス全体の生産性，施工品質，さらには建設事業に対する信頼性の向上を図る技術を**情報化施工**（information-oriented construction）と称している。

機械化施工の推進されている現場において，広義の品質確保を実現する情報化施工はその発展が期待されている。**図 2.2** は建設生産プロセスにおける情報化施工の位置づけを示している。次項以降に述べる情報通信技術（以下 ICT と称する）を活用したデータ構築，一元管理により施工および生産プロセスの体系化が可能となる。

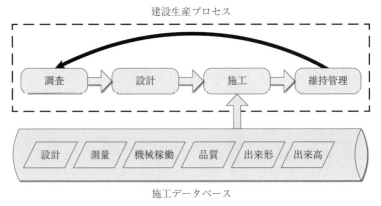

図 2.2 情報化施工

　建設生産プロセスにおける品質は調査，設計段階から造り込まれるものであり，**図 2.2** の各工程の情報に施工時の情報が連携されることにより，その確保がなされる。公共工事の品質確保の促進に関する法律（平成 17 年 3 月 31 日法律第 18 号）によれば品質は，それぞれのプロセスにて確保されなければならないとされており，特に施工段階においては「これを確保する上で工事の効率性，安全性，環境への影響等が重要な意義を有することにかんがみ，より適切な技術または工夫により，確保されなければならない。」と規定されていることから情報化施工は大きく寄与するものである。

　現在，土工現場において稼働している建設車両は，ブルドーザ，ホイールローダ，重ダンプトラック，スクレーパ，モータグレーダ等数多く存在し，その用途も掘削・積込み，運搬，整地と多岐にわたる。これまで土木施工における高効率化に対応すべく，建設車両も大出力機構を基盤に目覚しい発展を遂げてきた。しかしながら，近年の環境問題への意識の高まりとともに，燃料消費を抑え，環境負荷低減を図りながら所要の成果を得る技術が求められている。

　情報化施工技術はその対策として一翼を担うものである。このような状況の中，**図 2.3** に示すような，高精度測位法や広域建設車両管理システム等を統合した情報化施工が実用段階に入っている。一般に FA（ファクトリーオートメーション）に対して，土工現場における自動化実現のためには，FA とは異なる要素技術を開発し，施工方法や工程をロボット作業に対応したものにしていかなければならない。

　大規模土工現場の基本工程は，掘削，積込み，運搬，敷き均し，締固め等である。これら個々の工程においては，OR タイヤ（off-the-road tire）や履帯を装着した建設車両が多用される。現在の大規模土工においては，多数の建設機械がそれぞれの工程を完了するよう組み合わせて使用されているが，これら作業の一部あるいは全部がロボット化されていくものと予想される。ロボット化を進めるにあたり建設車両が具備しなければならない機能として，位置認識，群管理，自律制御，作業対象および接触対象評価，誘導装置を含む移動がある。

図 **2.3** に示すような施工システムは，1) 施工サイトマッピング機能，2) 施工情報管理機能，3) 施工技術者意思決定支援機能を有しており，建設車両の制御は施工情報管理機能に属するものである。建設車両制御の主たる部分は位置制御であり，測位システムによって管理される。位置決め技術は建設車両の移動制御能力に支配されることから，現場路盤と建設車両との接触情報を詳細に把握しておくことは，施工システムの精度向上に重要となるものである。

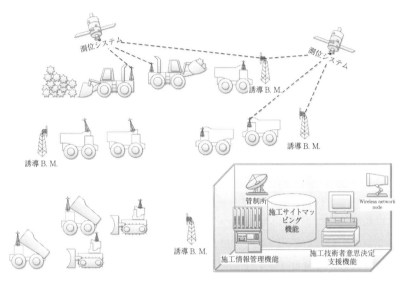

図 2.3 情報技術を取り入れた施工システム

2.3.2 情報通信技術（ICT）の活用

〔**1**〕 **i-Construction**　　建設現場において労働力過剰による生産性向上遅滞局面から労働人口減少に伴う技能労働力不足へ変化していく背景にあって，労働生産性の向上と労働災害の回避は重要である。現場特性として，発注ごとの一品受注生産，地理，地形，気象条件等に対応する現地屋外生産，多様技能を持つ多数労働力が生み出す労働集約型生産であるがゆえに製造業現場で行われてきた自動化，省力化，ロボット化を伴った生産管理は困難であると

されてきた。このような概念を転換し，建設現場における一人一人の生産性を向上させ，企業の経営環境を改善し，建設現場に携わる人の賃金の水準の向上を図るとともに安全性の確保を図り，魅力ある建設現場を目指す取り組みが i-Construction である。この取り組みは，ICT（information communication technology）技術の全面的な活用，規格の標準化，施工時期の平準化の 3 つを柱としている。**図 2.4** は i-Construction の全体像を示している。ICT 技術を導入するため，3 次元データを利活用することが重要であるとされている。

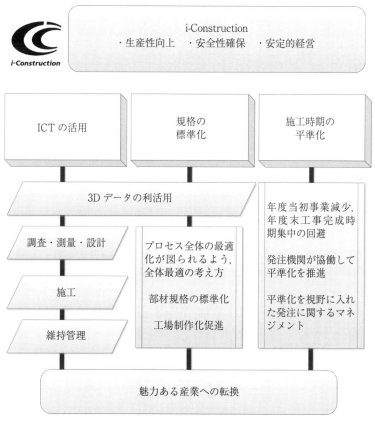

図 2.4 i-Construction

　図中のロゴマークは，i-Construction が社会全体から支援される取組みへ深化するシンボルとして，国土交通省が決定し公表したものである。

　〔*2*〕**ICT 土工**　　i-Construction の柱の1つである ICT 活用を推進する工種として河川土工，海岸土工，砂防土工，道路土工，舗装工，付帯道路工，浚渫工，法面工，地盤改良工，法覆護岸工，排水構造物が挙げられている。このうち土工は早期に ICT の活用が進められてきた。

　ICT を導入するに際して，建設生産プロセスを通じて3次元データを一貫して使用できるよう基準が整備されている。測量プロセスにおいて **UAV**（unmanned aerial vehicle　無人航空機）を用いたマニュアルが策定され，**図 2.5**（*a*）2次元平面図を図（*b*）のように3次元点群データ化した成果を利用できるようにしている。

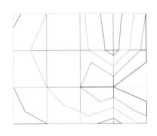
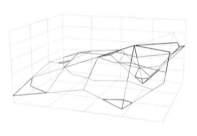

（*a*）2次元平面図　　　　　　　　（*b*）3次元点群データ

図 2.5　測量成果の3次元データ化

　設計段階において発注のための施工量算出は，例えば体積計算は従来，**図 2.6** に示すような横断図を用いた平均断面法によるものが一般的であった。これは A1 断面と A2 断面の平均数量に距離を乗じて求めるものである。また，面積計算には三斜法が標準として利用されてきた。

　積算区分ごとに測量成果の3次元点群データから面を形成し，現況地形と計画高，計画出来形等との差分を求め，切土量，盛土量を算出した例が**図 2.7** である。

　図 2.8 は締固め工の状況である。設計された施工高さに応じた丁張の設置

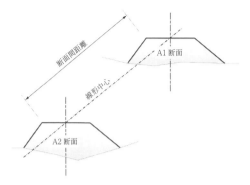

図 *2.6* 平均断面法による施工土量算出

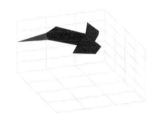 

（*a*）計画高との差分による切土量　　　　（*b*）計画高との差分による盛土量

図 *2.7* 設計段階における土工量算出

図 *2.8* 従来の締固め工（丁張の設置と検測）

を行い，転圧を実施したのちに検測を行い，これを繰り返すという手順である。

施工段階における丁張設置，検測の際の測量作業は実施工以外の時間と作業員を要する。**図 2.9** は ICT 土工における掘削作業を示している。左側は従来の掘削であり，作業員を配し丁張を目印に整形を行っていく。右側は GNSS（global navigation satellite system）や TS（total station）によって機械位置を測位し，機械本体と作業部のバケットの姿勢を制御することによって設計出来形に整形作業を行う。丁張の設置や補助作業員の配置を必要とせず，作業効率を大きく向上させることができる。

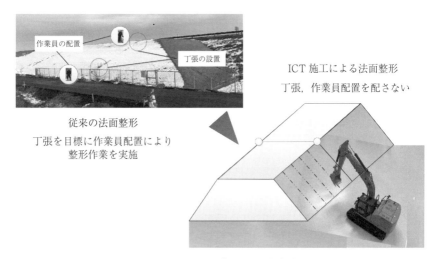

図 2.9　ICT を導入した掘削作業

土工においては，**出来形**（as-built）管理は成果を検収するうえで重要な工程である。これまでの出来形管理基準では設計出来形に対して，代表する管理断面について長さ，幅，高さを測定している。例えば，**図 2.10** に示す盛土工について，施工延長に対して一定間隔毎の管理断面を測定基準とし，測定結果が規格値内であることを確認している。

ICT 土工では，**図 2.11** に示すように UAV の写真測量等で施工現場の面的な施工精度を測定し，実現性の確保を図り評価を行う。点群データにより管

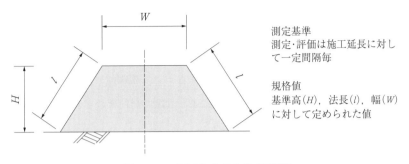

図 2.10 盛土工における出来形管理

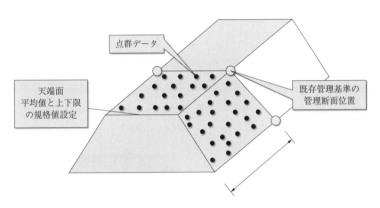

図 2.11 ICT 土工における出来形管理

理断面間の凹凸を表示することが可能となり，実際のバラツキ把握により規格値との対応が明確になる。

　ICT を導入した施工においては，ここまで述べた各段階のほかに 3 次元データの契約図書化，検査段階での数量算出 3 次元化，3 次元データ納品，3 次元モデルによる検査等を実現していくことが求められる。また，その実現が次工程である維持管理業務を含めた建設生産プロセス全体の生産性向上につながる。

〔**3**〕 **BIM/CIM** **BIM/CIM**（building/construction information modeling, management）は建設生産プロセスの初期段階（計画，設計等）から設計対象に 3 次元モデル（地形・地質モデル，構造物モデル）を導入し，施工段階，維持管理段階においても情報を共有する業務管理である。各段階で属性に関する情報が付加され，一元管理により受注，発注それぞれの関係者全体の業務を効率化，高度化するものである。

2.3.3 新しい施工に対応した建設機械と周辺技術

〔**1**〕 **UAV（無人航空機）による測量** UAV（**図** *2.12*）は，人の搭乗を要せず飛行できる航空機であり，自律制御あるいは他所からの遠隔操作によって飛行することができる。UAV にデジタルカメラやレーザースキャナを搭載することにより測量に必要となる写真やデータを空中から取得することができる。短時間で広範囲の測量が可能，有人機と比較して低コストであり近接撮影が可能，進入が難しい場所での撮影が容易であることがメリットである。取得した画像から 3 次元点群を抽出し 3 次元データを作成する。

図 *2.12* 測量に用いられる UAV

〔**2**〕 **ICT 建設機械** ICT 建設機械とは，施工中の建設機械の作業部位置の 3 次元座標を取得することができる 3 次元マシンコントロール，3 次元マシンガイダンスならびに TS・GNSS 締固め管理システムを搭載した建設機械を指す。設計とバケットやブレードなどの作業部の位置との差分値の表示や設

計に合わせた作業装置の位置制御を用いた施工が可能となっている。例えば，**図 2.13** に示す従来のバックホウにおいて作業部であるバケット，ブルドーザの作業部であるブレードの位置，向き，角度等の情報を設計位置情報と整合させ制御することによって実用化している。

ブレード位置情報

バケット位置情報

図 2.13 バックホウとブルドーザの作業

ICT 建設機械で利用している作業部の位置情報は，「施工履歴データ」として目的物の作業後の形状計測値に用いることができる。これは ICT 建設機械から提供される情報としては，3 次元設計データ，電子丁張情報，本体位置情報，作業部位置情報などがある。本体位置を GNSS 測位によって取得する場合，衛星測位解析結果を現場の工事基準点座標と整合するように補正する作業であるローカライゼーションを実施する。

締固め工において，従来は転圧後土密度や含水比等について観測点を定めて事後測定することによって品質を定めている。TS・GNSS 締固め管理システムを搭載した締固め機械を用いた管理技術は，締固め度を達成するためのまき出し厚さ，締固め層厚，締固め回数等の仕様を試験施工にて確定し，実施工では仕様に基づき，まき出し厚さ管理，締固め回数の面的軌跡管理を行う工法規定方式としている。

図 2.14 は締固め工における写真撮影と RI 計器による現場密度測定の様子である。適切なまき出し厚さの確認は一定間隔毎の写真撮影が求められている。転圧回数確認は目視やカウンターによる記録で行っている。新しい管理技術で

図 2.14 締固め工における写真撮影（左）と RI 密度測定（右）

は，適切なまき出し厚さの管理は**図 2.15** に示すように施工機械標高データによる締固め層厚さ記録により行い，写真撮影負担を軽減することとなっている。また，転圧回数はシステムにより走行軌跡，回数として面的に管理され，オペレータの負担軽減を図ったうえで転圧不足，過転圧を防止し品質確保につなげている。

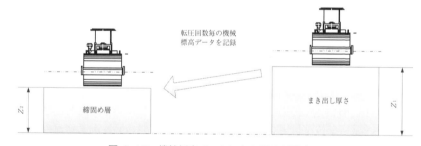

図 2.15 機械標高データによる締固め層厚さ

〔**3**〕**施工の自動化展望** 2.3.1 項で述べたような施工システムを高度化するためには建設機械の自律制御を伴った施工の自動化が望ましい。ICT建設機械の導入段階においても機械の各操作はオペレータに依拠するところが大きく，自動化のための要素技術の開発が必要である。

1）**AIの活用** i-Construction の推進のため，AI（artificial intelligence）の活用による建設生産プロセスの高度化が取り組まれている。AI は人間でな

ければ不可能であった高度に知的な作業や判断をコンピュータを基礎としたシステムにより実行できるようにしたものである。施工現場への適用については，AI の特徴である自律性と適応性を活かし，自律型建設機械や施工計画 AI などが想定される。自立型建設機械は，設計データ入力により周辺状況判断のうえ，自動で作業を行えるようにする。施工計画 AI は，施工現場内の最適な機械配置と運用を群管理のうえ立案するものであり，**図 2.3** の施工技術者意思決定支援機能を担うものである。AI 適用の第一段階は機械学習である。AI が供与データから反復学習成果を取得することにより，潜在法則や特徴を探査する。**図 2.16** は施工現場の機械学習用データセットを示している。現場の対象建設機械をオブジェクトとし，それぞれの作業の動作をラベルとして付与する。

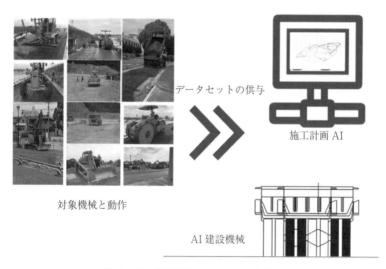

図 2.16 機械学習のためのデータセット

2）移動制御と地盤特性検出 建設機械の自動化にあたって必要な要素は先に述べた作業と並んで移動がある。移動を支配する要因は，車両通過に対する機械側の走破性などの出力性能（**モビリティ**：mobility）と接触地盤側の路外通過性などの支持性能（**トラフィカビリティ**：trafficability）である。機

械の走行性能であるモビリティは走行抵抗とけん引力によって表示できる。建設機械の走行装置は車輪（タイヤ，ローラなど）と履帯（クローラ）が主である。接地圧の相違と機動性によりいずれかが選択され機械に装着されている。**図2.17**に建設機械に装着される走行装置とその特徴を示している。トラフィカビリティを判定するコーン指数をまとめた**表2.15**の上段の機械は履帯，下

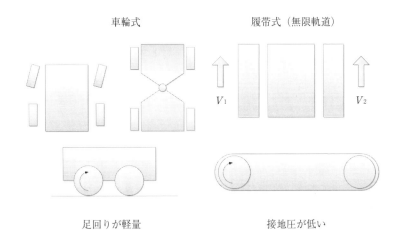

図2.17　建設機械の走行装置

表2.15　建設機械の連続走行が可能なコーン指数〔日本道路協会：道路土工—施工指針（改訂版），p.47，丸善（1999）〕

建設機械の種類	コーン指数 qc 〔kN/m²〕	建設機械の接地圧 〔kN/m²〕
超湿地ブルドーザー	200 以上	15～23
湿地ブルドーザー	300 以上	22～43
普通ブルドーザー（15t 級程度）	500 以上	50～60
普通ブルドーザー（21t 級程度）	700 以上	60～100
スクレープドーザー	600 以上（超湿地形は 400 以上）	41～56
被けん引式スクレーパー（小型）	700 以上	130～140
自走式スクレーパー（小型）	1000 以上	400～450
ダンプトラック	1200 以上	350～550

段の機械は車輪を選択することが多い。移動制御を精度よく実現するためには，モビリティについてさらに接触地盤上での制動，駆動性能について把握しておく必要がある。

TS・GNSS による測位は移動結果としての出力を同定するものであり，自律制御として目標位置への位置決めの性能が施工の自動化に寄与するものとなる。**図 2.18** は接触地盤の性状や変形を観測しながら接地圧を制御し，最適走破性を可能にする建設車両の設計例である。

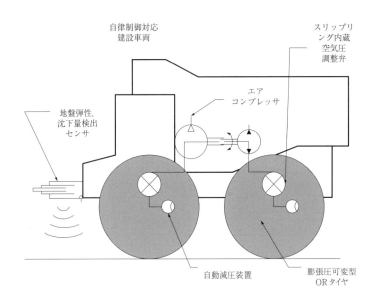

図 2.18 自律制御型建設車両設計例

〔**4**〕 **安全対策**　　建設産業における大きな課題の一つが労働災害である。近年，労働災害における死亡事故は減少しているが，全産業中の建設業の占める割合は最も高いものとなっている。その要因は墜落，転落の割合が高く，建設機械に起因するものも多数存在する。建設機械の作業範囲，移動範囲からの人員の回避が接触事故の減少につながる。ICT を導入した施工現場では，人員の現地配置が大きく削減され安全性の向上に寄与するものとなる。

　また，ICT 建設機械に危険回避機能を付加していくことが進められている。運動動作支援機能として，例えば**図2.19**のようにバックホウと歩行者や障害物の接触危険性がある場合，それらを区別して検出し，警報をオペレータに発する。この例では後方視認支援として検出領域を操作側で設定でき，バケット位置情報により旋回時の軌跡を操作前に確認できるシステムとして設計している。

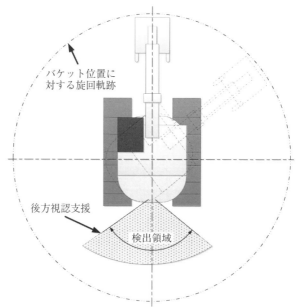

図2.19　バックホウの安全装置設計例

演 習 問 題

【1】　普通土（砂質土）を21 t 級ブルドーザーで掘削し，下り10 ％勾配で50 m 運搬する場合，時間当りの作業量を地山の土量で計算せよ。ただし，ブルドーザーの前進速度 40 m/min，後進速度 80 m/min とする。

【2】　礫混じり土（礫質土）を 0.6 m³ 級バックホー（油圧式クローラー形）を用いて掘削する場合の，時間当りの作業量を地山の土量で計算せよ。ただし，旋回角度は 180° で，礫混じり土だが容易な掘削とする。

【3】 0.6 m³級バックホーと11 t級ダンプトラックを用いて土工を行う。掘削土は粘性土で，中くらいの掘削条件である。この掘削土を，10 km先の盛土箇所まで運搬し，盛土工事を行う場合のダンプトラックの必要台数を求めよ。ただし，ダンプトラックの往路および復路の走行速度を，それぞれ20 km/hおよび30 km/h，ダンプトラックの待ち時間を10分とする。

【4】 土工量10万 m³の砂質土を，21 t級ブルドーザーを用いて，掘削押土作業を4ヶ月で実施したい。機械の所要台数，所要材料・人員，機械経費を求めよ。現場状況は，下り10％勾配で50 m運搬する。ただし，走行速度は前進50 m/min，後進100 m/min，作業効率0.6，土量の変化率1.25，1日の純作業時間6時間，機械の実稼働率50％とする。また，運転経費を求めるための歩掛りと単価は，**問表 2.1**によるものとする。

問表 2.1 1時間当りの歩掛りおよび単価

項　目	歩掛り	単　価
世話役〔人〕	0.05	19 000 円/人
運転手〔人〕	0.20	18 000 円/人
助　手〔人〕	0.10	13 000 円/人
主燃料費（軽油）	17 l	70 円/l
油脂類	主燃料の 20 ％	
諸雑費	（人件費＋主燃料費）の 1 ％	

【5】 情報化施工とはどのようなものか説明せよ。

【6】 建設現場における労働生産性向上が求められる背景を考察せよ。

3

土　工

　土工（earthworks）は掘削，積込み，運搬，敷ならし，締固めなどの土を扱う工種全般をさす。すべての構造物は地中や地表に設置されるため，土工によって形成される地盤は，構造物の機能や目的に合ったせん断強さや沈下特性などの品質を満足する必要がある。

　一般に，土工は扱う量が膨大であり，施工は建設機械によるところが大きい。

3.1　概　　　説

3.1.1　地盤材料の分類

　土工は，施工場所により土の種類が変化する。また，同じ土でも含水比や密度の違いにより性質が変わるため，その取扱いには注意が必要であり，工期や出来上がり品質に応じた施工方法や施工機械を選択しなければならない。

　地盤材料を分類すると，強度・透水・圧縮特性などの工学的性質が推定でき，建設材料としての適否の判定，設計や施工計画の立案に役立つ。

　地盤材料は粒径が 75 mm 以上の石分を含む材料と，それ以下の土質材料とに大別でき，石分を含む材料は地盤工学会基準（JGS）の「石分を含む地盤材料の粒度試験方法（JGS 0132-2000）」により分類する。

　一方，土質材料の分類は「**日本統一土質分類法**（Japanese　unified　soil classification system）」が多く用いられる。これは米国で定められた「統一土質分類法」に，わが国特有の火山灰土や有機質土を加えて土質工学会（現，地

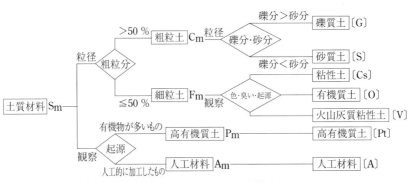

注）　粗粒分は粒径が 0.075～75 mm の土粒子

図 3.1　土質材料の工学的分類（大分類）

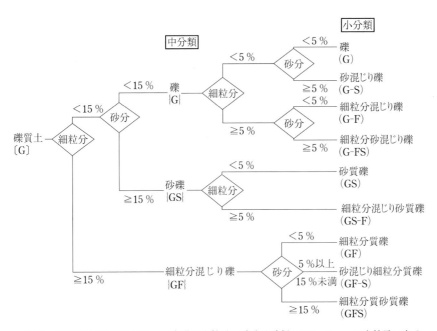

注1）　細粒分は粒径が 0.075 mm 未満の土粒子，砂分は砂径 0.075～2 mm の土粒子である。
注2）　砂質土〔S〕の場合は，図中の礫を砂，砂を礫に替え，また記号GをS，SをGに替える。

図 3.2　礫質土(砂質土)の中・小分類

盤工学会）が 1973 年に定めたものである。土質材料を色や臭いなどの観察結果と粒度試験により図 **3.1** に示す礫質土，砂質土，粘性土，有機質土などに大分類している。大分類された粗粒土は図 **3.2** により，また，細粒土は図 **3.3** により中分類と小分類ができる。なお，粗粒の土質材料の性質は粒度組

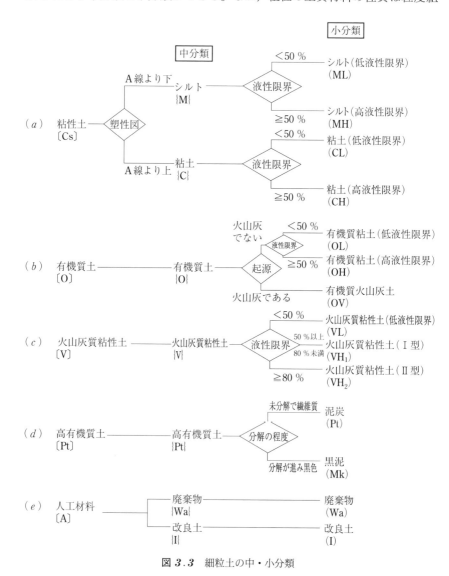

図 **3.3** 細粒土の中・小分類

成に依存するが，シルトや粘土などの細粒分の多い土質材料の性質はコンシス
テンシーの依存度が高い。よって，細粒土の分類には**図3.4**の液性限界およ
び塑性限界試験の結果が必要になる。

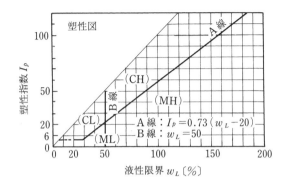

図3.4　塑性図

粒径による区分は，**表3.1**に示す粒径75 mm 以上の石分，75〜2 mm の礫
分，2 mm〜75 μm の砂分，75 μm〜5 μm のシルト分，および5 μm 以下の粘
土分に分け，それらの構成比から**三角座標分類法**（triangular soil classifica-
tion chart system）が用いられている。

表3.1　土粒子の粒径区分と呼び名

								粒　　　　　　　　径				
5 μm		75 μm	250 μm	425 μm	850 μm		2 mm	4.75 mm	19 mm	75 mm	300 mm	
粘土	シルト	細砂	中　砂		粗砂	細礫	中礫	粗礫	粗石 (コブル)	巨石 (ボルダー)		
		砂					礫		石			
細　粒　分		粗　　粒　　分							石　分			

表3.2に示すのはおもな土質材料の施工性である。土の種類に応じてトラ
フィカビリティー，掘削や締固めの難易などが推定でき，施工方法や施工機械
を決定するときの参考になる。また最近では，各種の産業から発生する焼却
灰，汚泥，スラグなどの廃棄物や副産物も地盤材料としての有効利用が図られ

表 3.2　おもな土質材料の施工性

種　類	土の分類名	施　　工　　性
礫	礫 礫質土	粒径の大きな礫は掘削能率が低下する。運搬時には空隙が大きくてかさばり，締固めは困難。
砂	砂	掘削能率が良く，ベルトコンベアによる運搬が可能である。振動系の機械で締め固める。
普通土	砂 砂質土 シルト	掘削能率が最も良く，バケットや運搬機械に山積みができる。締固めにより，工学的性質は著しく改善する。
粘性土	シルト 粘性土	掘削時，バケットに付着しやすく，ベルトコンベアによる運搬は困難である。また，含水比によって性質が変化し，トラフィカビリティーが問題となりやすい。
泥　土	シルト 粘性土 火山灰質粘性土 有機質土	支持力がなく，流動性が高いために掘削や運搬は困難である。また，地盤沈下やトラフィカビリティーが問題となる。
有機質土	高有機質土	支持力がなく，流動性が高いために掘削・運搬やトラフィカビリティーが問題である。また，色や悪臭も問題になりやすい。

ている。

3.1.2　土 工 計 画

土工作業は，機械経費の占める割合がほかの工種に比べて非常に大きく（約60％），その成否は施工機械をいかに効率的に運用するかにかかわっている。

作業日数は，暦日数から休日をはじめ，工事着工当初の準備・工事終了直前の手直しや仕上げなどで標準的な施工量が見込めない日数，降雨や降雪による休止日数，およびそのほかの休止日数を差し引いた実際に土工作業を行う日数である。

ここで休止日数は，降雨当日の作業ができない日数だけでなく，降雨後の作業待ちによる休止日数を考慮する必要がある。材料や運搬路の土が吸水すると，盛土では締固めの出来上がり品質が低下し，細粒土ではリモールドによる強度不足やトラフィカビリティーに支障が生じる。したがって，土工計画をたてる際には，現地の土質と過去の降雨実績から作業日数を決定しなければなら

表3.3　降雨日の休日および降雨後の作業待ちのための休止日数と土質の関係〔日本道路協会：道路土工―施工指針（改訂版），pp.121～122，丸善（1999）〕

日降雨量〔mm〕＼土質	岩塊または砂		礫混じり土・普通土		粘性土		高含水比粘性土（関東ローム類）	
	当　日	待ち日	当　日	待ち日	当　日	待ち日	当　日	待ち日
1未満	0	0	0(0.5)	0	0(0.5)	0	0(0.5)	0
1～10	0(0.5)	0	0.5(1.0)	0	0.5(1.0)	0	0.5(1.0)	0
10～30	1.0	0	1.0	0.5	1.0	0.5(1.0)	1.0	1.0
30以上	1.0	0.5(1.0)	1.0	1.5(2.0)	1.0	1.5(2.0)	1.0	1.5(2.0)

〔注〕　当　日…降雨当日の休止日数
　　　　待ち日…降雨後の休止日数
　　　（　）…連続降雨に対するもの
　　　　連続降雨の場合の待ち日は連続降雨の合計量を日降雨量として扱う

ない。**表3.3**は降雨日の代表的な休止日数と土質の関係である。

　つぎに，1日当りの作業量を求める必要がある。

$$1日当り作業量〔m^3/日〕＝\frac{総土工量〔m^3〕}{作業日数〔日〕} \tag{3.1}$$

ここで，作業日数と稼働日数率は式（3.2），（3.3）で表される。

$$作業日数〔日〕＝工期〔日〕×稼働日数率〔\%〕 \tag{3.2}$$

$$稼働日数率〔\%〕＝\frac{作業日数〔日〕}{暦日数〔日〕} \tag{3.3}$$

　土工の工程管理において，降雨後の作業待ちの休止日数を少なくすることはたいへん重要であり，その対策はつぎの2点である。

1）雨水を土質材料の中へ入れない　　土取場や切土・盛土など，施工中の地盤表面を締め固めるか勾配をつけ，あるいは，ビニールシートをかけて雨水が土質材料へ浸透するのを防ぐ。また，周りに溝を掘って周囲からの流入を防ぐことも必要である。

2）土質材料に入った水を速やかに排出する　　土質材料の表面および間隙に溜まっている水を溝などを掘って排出する。また，土質材料をかくはんし，空隙および表面積を大きくして爆気乾燥する。

3.1.3　土　量　配　分

　近年，環境保全や資源の有効利用が社会的に要請されており，土工計画において，切土と盛土の土量の均衡を図ることはたいへん重要である。工事に手戻りが生じないよう，合理的に土の移動場所と運搬量を決定することが必要であり，それを**土量配分**（earthwork distribution）という。

　土量配分は，地形図，構造図や縦横断面図などから土量計算書と土積曲線を作成し，施工方法や施工機械を決定する。道路などの細長い現場では，路線の縦断方向を各測点で区切り，横断面図より**図3.5**（a）のように土量計算書を作る。このとき土の状態に応じて**表2.2**に示す土量の変化率を用いて土量を補正する必要がある。

　つぎに，土量計算書を用いて図（c）に示す**土積曲線**（mass curve）を作

測点	距離 〔m〕	中心高 〔m〕	切土 〔m³〕	盛土〔m³〕 設計量	盛土〔m³〕 補正量	累加土量 〔m³〕
0	—	0.00	—	—	—	0
1	20	1.00	200	—	—	200
2	20	1.00 / −0.90	400	—	—	600
3	20	−0.90	—	−360	−400	200
4	20	−0.90 / 1.50	—	−360	−400	−200
5	20	1.50	600	—	—	400
6	20	1.50	600	—	—	1 000
7	20	1.50 / −3.15	600	—	—	1 600
8	20	−3.15	—	−1 260	−1 400	200
合計	—	—	2 400	—	−2 200	—

$C = 0.90$

（a）　土量計算書

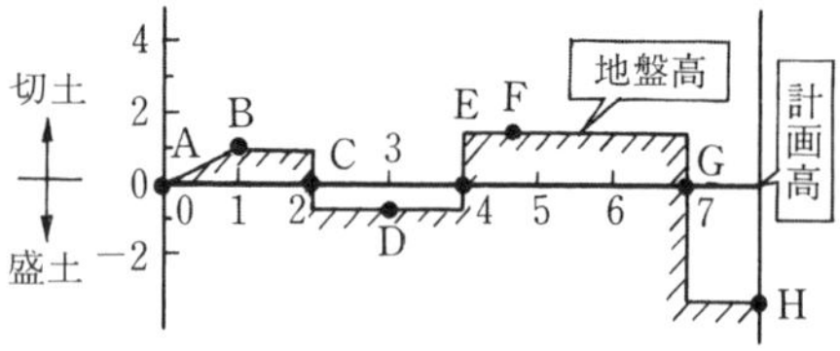

（b）　縦断図

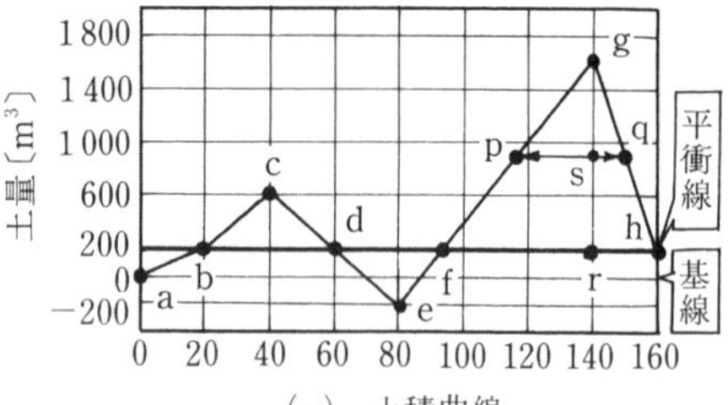

（c）　土積曲線

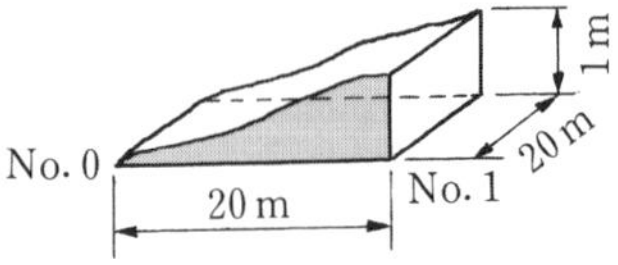

（d）　No.0～No.1の鳥かん図

図3.5　土　量　の　配　分

成する。土積曲線ではつぎの事項が明らかになり，具体的な土工計画が可能となる。

1) 切土と盛土　　切土は右上がり，盛土は右下がりの土積曲線となり，山 c は切土から盛土へ，谷 e は盛土から切土への変化点を示す。

2) 土量バランス　　基線に平行に引いた線（平衡線）と土積曲線との交点（平衡点）である f，h 間の切土と盛土の量は等しくなる。

3) 運搬土量　　平衡線と土積曲線との最大縦距 gr は，切土から盛土への運搬土量を示す。

4) 運搬距離　　平衡線の長さ fh は平衡点間の最大運搬距離を示す。また，最大縦距の 1/2 の点 s で，基線に平行に引いた線と土積曲線との交点の長さ pq は，平均運搬距離を示す。

5) 運搬方向　　土の運搬方向は，土積曲線が平衡線より上にある場合は左から右，下にある場合は右から左へ行う。

土積曲線の平衡線は 1 本でなくてもよく，基線からの離れが異なる平衡線を複数設定することにより，運搬すべき土量，距離および運搬方向が異なり，土量バランスが変化する。

また，橋梁やトンネルを構築すると，盛土や切土の量を少なくすることができるため，土量の均衡に役立つ。

3.2　掘 削 と 運 搬

3.2.1　掘削方法と運搬方法

掘削と運搬は多くの工事に共通して行われる作業であり，その方法および施工機械は，工事規模，対象地盤の土質，地形条件，気象・海象および周辺環境に最も適したものを十分検討して選択する必要がある。

掘削は，ブルドーザーやバックホーなど一般の掘削機械で施工が可能な土砂掘削，硬い岩で火薬を用いないと破砕が困難な発破掘削，およびその中間の硬さで，トラクターの後方に装着するリッパーにより地盤をほぐして処理する軟

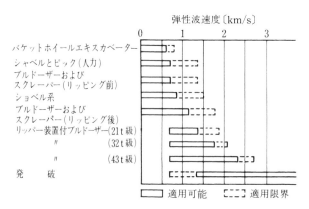

図 3.6　掘削工法の適用限界〔日本道路協会：道路土工-
施工指針，p.145，丸善（1986）〕

岩掘削の三つに大別される。**図 3.6** は弾性波速度による掘削工法の適用限界
である。

　運搬は，ブルドーザーやスクレーパーのように掘削機械が運搬作業を兼ねる
ものと，ダンプトラックやベルトコンベアのように運搬専用の機械で行うもの
に分けられる。運搬方法は以下の内容について調査し，いくつかの運搬手段や
経路を比較・検討して最も適したものを選定する。

1）　運　搬　物　　土の種類，粒度，見かけの密度，含水比や粘着性などの
　　運搬物の性質

2）　運搬経路，運搬距離　　運搬経路のトラフィカビリティー・幅員・高速
　　走行性・勾配，学校・病院や住宅などの周辺環境と運搬時間の制約の有
　　無，および運搬距離

3）　運搬土量と工期，工費

4）　そ の ほ か　　既設道路の有無，気象・海象，施工仕様，施工季節，手
　　持ちの運搬機械の有無と維持補修費など

3.2.2　切　　　　土

切土は，材料としての土を採取したり，構造物の築造に必要な空間を確保す

るために地山を掘削することである。そこでは，安定を保ってきた地山の表面勾配を変えることから，崩壊を防止して長期の安定を維持することが重要である。そのためには，施工箇所の地形，地質や地下水調査を行って，その地域の特性を知るとともに，崩壊や地すべりの履歴の有無を調べることも必要である。特に，地下水位の上昇や湧水により切土法面が吸水すると，地盤強度の減少と土重量の増加で法面が不安定になる。

　硬岩の場合は，層理・節理や亀裂の様子を確認するとともに，風化やスレーキングに注意する必要がある。また，法面中に断層破砕帯や膨張性粘土のモン

表3.4　地山の土質に対する標準法面勾配〔日本道路協会：道路土工要綱（改訂版），p.90，丸善（1999）〕

地 山 の 土 質		切 土 高	勾　　配
硬　　岩			1:0.3〜1:0.8
軟　　岩			1:0.5〜1:1.2
砂	密実でない粒度分布の悪いもの		1:1.5〜
砂　質　土	密実なもの	5 m 以下	1:0.8〜1:1.0
		5〜10 m	1:1.0〜1:1.2
	密実でないもの	5 m 以下	1:1.0〜1:1.2
		5〜10 m	1:1.2〜1:1.5
砂利または岩塊混じり砂質土	密実なもの，または粒度分布のよいもの	10 m 以下	1:0.8〜1:1.0
		10〜15 m	1:1.0〜1:1.2
	密実でないもの，または粒度分布の悪いもの	10 m 以下	1:1.0〜1:1.2
		10〜15 m	1:1.2〜1:1.5
粘　性　土		10 m 以下	1:0.8〜1:1.2
岩塊または玉石混じりの粘性土		5 m 以下	1:1.0〜1:1.2
		5〜10 m	1:1.2〜1:1.5

〔注〕　土質構成などにより単一勾配としないときの切土高および勾配の考え方は下図のようにする

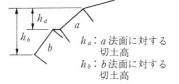

　　h_a：a法面に対する切土高
　　h_b：b法面に対する切土高

○勾配は小段を含めない
○勾配に対する切土高は当該切土法面から上部の全切土高とする

モリロナイト[†]などの層があるときは十分な安定勾配をとる必要がある。

　なお，道路土工における地山の土質，切土高と標準法面勾配は**表 3.4** のとおりである。

3.2.3　土砂の掘削

おもな掘削機械はトラクター系とショベル系の 2 種類である。

〔**1**〕　**トラクター系掘削機械**　　トラクター系掘削機械はブルドーザー，スクレーパーが多く用いられており，それらは下部走行装置，上部運転席とフロントアタッチメントからなる。

　1）　**ブルドーザー**　　図 **3.7** に示す**ブルドーザー**（bulldozer）は，トラクターの前面に土工板を装着したもので，前後進の直線的な動きにより削土，整地，締固め，および 80 m 以下の短距離運搬に適している。また，フロントアタッチメントの付替えにより，伐開，倒木，除雪，除根など，多くの作業に用いられる汎用性の高い機械である。

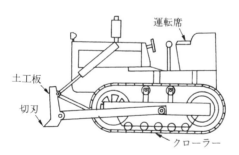

図 **3.7**　ブルドーザー

　2）　**スクレーパー**　　図 **3.8** に示す**スクレーパー**（scraper）は，1 台で削土・積込み，運搬および散土の四つの機能を持っており，そのおもな構造は，ボウル，エプロンとエジェクターの三つからなっている。ボウルはカッティングエッジにより地盤を薄層で削った土砂を入れる容器である。エプロンはボウルの入口にあり，運搬時に土砂がこぼれるのを防ぐ昇降が可能なゲートであ

---

†　SiO_2 の 4 面体層と OH の 8 面体層が 2:1 の構造を持った粘土鉱物である。吸水すると，15 Å の結晶面間隔が 17 Å に膨潤するため，強度が低下して地すべりの要因となる。

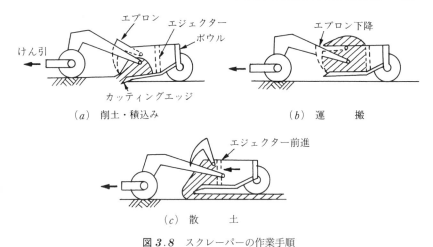

図3.8 スクレーパーの作業手順

る。ボウルが掘削土で一杯になるとカッティングエッジを上げ，エプロンを下降させて運搬態勢に入る。そして，目的地に到達するとエプロンを上げ，エジェクターで土を押し出して散土する。

スクレーパーは被けん引式と自走式の2種類がある。

被けん引式スクレーパー（tractor-drawn scraper）はトラクターにけん引されて作業するものであり，急勾配や軟弱などの運搬路の状態が悪いときや，400 m以下の短距離運搬に適している。

一方，**自走式スクレーパー**（self-propelled scraper）は1 500 m以下の中距離の高速・大量運搬に適している。しかし，高い運搬能率を維持するには，つねに運搬路を整備する必要がある。また，プッシュドーザーの使用や，2台のスクレーパーを連結したプッシュプル方式により積込み能力の向上を図る。

3）　トラクターショベル　　**図3.9**に示す**トラクターショベル**（tractor shovel）は，トラクターのフロントアタッチメントとしてショベルバケットを装着したものである。走行装置はクローラー系とタイヤ系の2種類があり，タイヤ系は機動的ではあるが掘削能力が低いため，砂や砕石などの粗粒材料の移動や積込みに砕石・生コン工場などで用いられる。

〔2〕　ショベル系掘削機　　ショベル系掘削機は，上部の運転席が360°旋

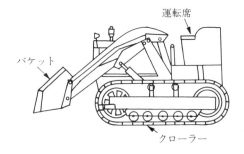

運転席

バケット

クローラー

図 **3.9** トラクターショベル

回するもので，図 **3.10** に示すようにフロントアタッチメントを付け替える
ことによりショベル，クレーンや杭打ち機など種々の目的に使用される。

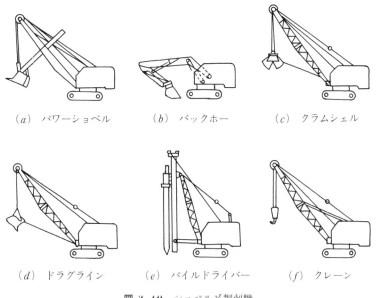

（a） パワーショベル　　（b） バックホー　　（c） クラムシェル

（d） ドラグライン　　（e） パイルドライバー　　（f） クレーン

図 **3.10** ショベル系掘削機

1） **パワーショベル**　　**パワーショベル**（power shovel）はショベル系掘
削機の基本形であり，剛性の高いブームにより硬い地盤の掘削が可能である。
手前から前方に押し出すバケットの軌跡より，機械の足場より上部にある土砂
を掘削するのに適している。

2） **バックホー**　　**バックホー**（back hoe）はドラグショベルとも呼ばれ，

溝や基礎掘削などに多く使用されている。一定の深さの平坦な掘削が可能で，前方から手前にかき寄せるバケットの軌跡より，機械の足場より下部にある土砂の掘削に適している。

3) クラムシェル　　**クラムシェル**（clamshell）はブーム直下の狭い範囲の掘削や，高い場所への積込みに使用される。二枚貝のようなバケットでワイヤロープを繰作して掘削するため，硬い地盤への適用は困難で，かつ掘削跡が平坦でない欠点がある。しかし，ワイヤロープを長くすることにより深い場所や水中掘削が可能である。

4) ドラグライン　　**ドラグライン**（drag line）はドラグバケットをブーム直下に投下し，ドラグロープを手前にたぐり寄せて地表面の浅い掘削，および高い場所への積込みに使用される。硬い地盤の掘削には不向きであり，河床や水路などの水中掘削，特に，河川の骨材採取に用いられる。

〔3〕　そのほかの掘削機

1) バケットホイールエキスカベーター　　図 **3.11** に示す**バケットホイールエキスカベーター**（bucket wheel excavator）は機内コンベアの先端の回転ディスクに複数個の掘削用バケットを装着した大型機械である。大量の土砂を連続的に掘削し，後方の運搬機械への積込みが可能である。主として砂質土や礫質土に適用され，粘性土や硬い地盤への適用は困難である。機体は重量が大きく高価であるが，大量の土砂を扱うのに有効であり，埋立現場や工場の資材置場などに用いられる。

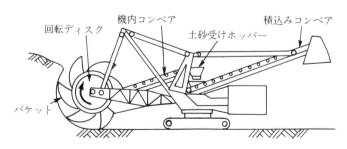

図 **3.11**　バケットホイールエキスカベーター

2）　トレンチャー　　**図 3.12** に示す**トレンチャー**（trencher）はラダー
やディスクの周囲を掘削用の爪やバケットが連続的に回転して溝を掘削する機
械である。小型であるが，比較的硬い地盤への適用が可能である。

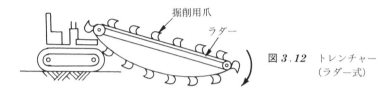

図 3.12　トレンチャー
（ラダー式）

3.2.4　軟 岩 の 掘 削

〔1〕　リッパー工法　　　軟岩の掘削は**リッパー**（ripper）**工法**が多く用いら
れる。本工法は，**図 3.13** に示すようにブルドーザーの後部に爪をつけ，こ
れを油圧で地中に貫入後，ブルドーザーを前進して地盤を破砕する。

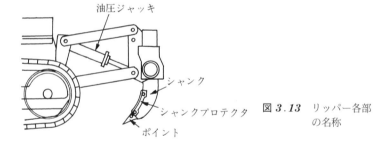

図 3.13　リッパー各部
の名称

　リッピングの可否は，ブルドーザーの大きさ（自重と機関の出力）と岩盤の
硬さにより決まる。一般に，堆積岩は作業が容易で，火成岩や変成岩は困難で
ある。弾性波速度で 1.8 km/s 程度が施工限界であるが，岩の節理・層理，形
成後の履歴，および風化や亀裂の有無が作業能力を大きく左右する。

　リッパーの爪は 1～3 本を選択でき，本数を少なくするほど硬い地盤に対応
できる。また，大型のブルドーザーを用いるほど施工能力は向上し，下り勾配
を利用したり，地層に対して逆目方向に作業すると破砕能率が良い。岩種の違
いによる適用性は**図 3.14** のとおりである。

〔2〕　機械掘削工法　　　**機械掘削**（mechanical excavation）**工法**は，回転

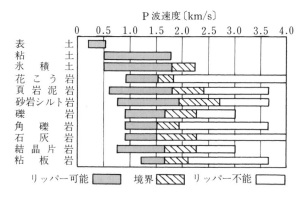

P波速度〔km/s〕

リッパー可能　　　境界　　リッパー不能

図 **3.14** 弾性波速度とリッパービリティの例（キャタピ
ラー D 9，リッパーハイドロリック No.9）〔土質工学会，
土質調査法，p.124，土質工学会（現，地盤工学会）
(1982)〕

ドラムに装着したカッターなどにより圧縮・切削破砕して掘削する工法であ
る。**図 3.15** に示すようにアームの先端に装着したカッターヘッドを操作し
て掘削するものをカッターローダーといい，特に，トンネルの全断面掘削に使
用する機械を **TBM**（tunnel boring machine）と呼ぶ。施工能率が良い岩の強
度は約 100 MPa 以下であり，岩盤の強度が大きくなると施工能率は著しく低
下する。岩盤強度の変化の激しいところや湧水の多い場合の適用は困難である
が，振動や騒音が少なく，連続的な掘削が可能である。

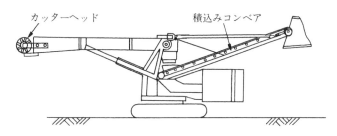

カッターヘッド　　　　　積込みコンベア

図 **3.15**　カッターローダー

3.2.5　硬 岩 の 掘 削

通常の掘削機械やリッパーで掘削ができない硬岩は，**発破**（blasting）で破

砕して掘削を行う。発破は，削岩機によりせん孔して爆薬を充填して起爆すると，火薬の急激な化学変化による生成ガスの膨張圧と爆轟衝撃波によって岩石を破壊する。発破作業は，工事指揮者が火薬類取締法，その他関係法令を遵守し，岩質や掘削方法に応じ，また，危険や周辺環境への悪影響のないように綿密な計画をたてて行う必要がある。

〔**1**〕 **せ ん 孔**　　削岩機は，特殊鋼のロッドの先に装着した超合金のビットに打撃や回転力を与えて岩石を破砕してせん孔する。削岩機には，作業員が支柱で支える比較的小型のストーパー（上向きせん孔），シンカー（下向きせん孔），**図 3.16** に示すレッグドリル（横向きせん孔）と，架台に取り付け，モータや油圧で岩盤への押付力を与えてせん孔するドリフターがある。また，ドリフターを走行装置に搭載してせん孔能率を高めた**図 3.17** に示すクローラードリルとワゴンドリルや，複数のドリフターを装着して掘削断面を多数同時にせん孔するドリルジャンボなどがある。ここで，せん孔の直径と深さは装薬量から決定される。

〔**2**〕 **火 薬**　　火薬は破壊力，耐水性や後ガス†の質と量，および打撃や火炎に対する起爆性などが異なるため，用途に応じた適切なものを選択す

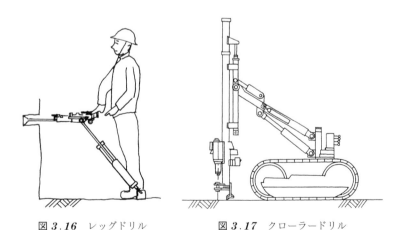

図 3.16 レッグドリル　　　　**図 3.17** クローラードリル

---

† 爆薬などが爆発後に生成するガスで，CO_2，H_2O，O_2 などのほかに CO，NO や NO_2 などの有毒ガスがある。

る必要がある。

　発破で多く用いられるダイナマイトはニトログリセリンあるいはニトログリコールまたはこれらの混合物に，ニトロセルロースを加えて膠化（こう）したニトロゲルを6%以上含有する爆薬である。破壊力は大きく，そのおもなものを**表3.5**に示す。

表3.5　各種ダイナマイトの組成と性能〔日本化薬（株）パンフレット〕

品　　種		2号榎ダイナマイト	3号桐ダイナマイト	新桐ダイナマイト	あかつきダイナマイト
組　成〔%〕	ニトロゲル	20〜24	18〜24	29〜33	15〜20
	硝　安	50〜60	64〜74	56〜66	66〜78
	硝酸カリウムまたは硝酸ナトリウム	10〜20	0	0	0
	ニトロ化合物	2〜10	2〜10	0〜6	2〜10
	木粉・澱粉	4〜8	2〜8	4〜10	2〜10
性　状	状　態	膠質	膠質	膠質	膠質
	耐湿・耐水性	優良	優良	優良	優良
	見かけ比重	1.40〜1.45	1.35〜1.40	1.35〜1.40	1.15〜1.30
爆力など	爆速〔km/s〕	5.8〜6.3	5.8〜6.3	6.8〜7.0	5.0〜5.5
	砂上殉爆度（倍）	4〜6	4〜6	5〜7	2〜5
	後ガス	優良	良好	良好	坑外用
適　用　例		坑内発破	明かり発破	硬岩発破	大口径明かり発破

爆速：爆薬の爆発による爆ごう（衝撃波を含む）が伝播する速度。速いほど破壊力は大きい。
砂上殉爆度：半円形溝状の砂床に2個の薬包（直径30 mm，薬量100 g）を並べ，第1包の起爆により第2包が誘爆する最大距離を薬包径で割った値。

〔**3**〕　**火　工　品**　　火工品は火薬に点火したり，爆発反応を伝播したりするために火薬を加工したものである。

① 雷管は起爆薬と添装薬を金属管に装填したもので，爆薬を起爆させるために用いる。点火する手段に導火線を用いる工業雷管と，通電する電気雷管の2種類がある。

　　電気雷管は通電と同時に爆発する瞬発電気雷管と，延時装置を組み込んだ段発（遅発）電気雷管がある。**表3.6**に示す段発電気雷管は発破

表 3.6 段発電気雷管の秒時差

段　数	1	2	3	4	5	6	7	8	9	10
DS 電気雷管〔s〕	0.00	0.25	0.50	0.75	1.00	1.25	1.50	1.75	2.00	2.30
MS 電気雷管〔ms〕	0	25	50	75	100	130	160	200	250	300

　　時間を段階的に遅らせることにより，自由面（破砕される物体が外界（空気または水）と接している面）を増やして岩の破砕効果を高める。

② 導火線は黒色火薬を紐状にして被覆したもので，一定の速度（0.7〜1.0 cm/s）で燃焼を伝え，爆薬の点火時間を調節する。

③ 導爆線は爆薬を紐状にして被覆したもので，その一端を起爆すると他端まで爆ごうを伝えるものである。爆速は5 500〜7 000 m/sで，多数の装薬に時間の狂いがなく起爆させるために用いる。静電気や雷などの誘導電流などに安全で，打撃や摩擦による自然発火もほとんどない。

〔**4**〕**発　　　破**

1）発破の基本　　発破は，図 **3.18** に示すように，雷管を取り付けた爆薬（親ダイ）と爆薬だけの増ダイをせん孔した穴に詰め，孔口を塡塞した後，起爆して岩石を破壊する。

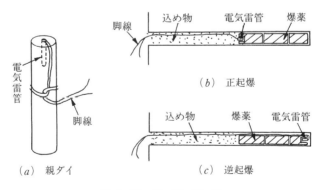

図 3.18 装　薬　方　法

　　岩石の発破効率は，単位量の爆薬で破砕できる岩石の量で表す。図 **3.19** は自由面が一つの場合の破壊断面である。装薬の中心Oから自由面までの最

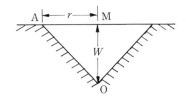

図 3.19 標準装薬漏斗孔

短距離 W（最小抵抗線）と破壊された漏斗孔（クレーター）の底部半径 r（漏斗半径）の比 r/W を漏斗係数 n といい，これが 1，すなわち $r=W$ である装薬量を理想的な発破として標準装薬という。

　装薬量の計算はハウザー（Hauser）の式（*3.4*）が用いられる。

$$L = CW^3 \tag{3.4}$$

ここで，L：装薬量〔kg〕，C：発破係数〔kg/m³〕，W：最小抵抗線〔m〕である。この式は標準装薬により発破が行われた場合を想定しており，破砕された岩石量は，$V = \pi r^2 W / 3$ となる。ここで，$r=W$，$\pi \fallingdotseq 3$ とすると $V = W^3$ となり，装薬量は破砕される岩石の体積に比例することになる。なお，発破係数 C は次式によって定まる値である。

$$C = ged \tag{3.5}$$

ここで，g：岩石の抗力係数で岩石の発破に対する抵抗の程度を示しており，**表 3.7** に示すように靱性が大きい岩ほど大きな係数を示す。e：爆薬の威力係数で桜ダイナマイトを基準として，ほかの爆薬の破壊力を比較した係数であ

表 3.7 岩石の抗力係数（g）〔日本火薬工業会：一般火薬学（新改訂版），p.207，(2001)〕

岩　　石		g の値〔kg/m³〕
硬岩	硬 珪 岩	3.3
	珪　　岩	2.7
	花こう岩	2.1
軟岩	石 灰 岩	1.6
	頁　　岩	1.0

〔注〕 ニトロゲル 60 ％の桜ダイナマイトを標準爆薬としている

表 3.8 爆薬の威力係数（e）〔日本火薬工業会：一般火薬学（新改訂版），p.208，(2001)〕

爆 薬 種 類	e
3 号桐ダイナマイト	0.84
2 号榎ダイナマイト	0.87
あかつきダイナマイト	0.94
硝安油剤爆薬	1.00
含水爆薬	0.95

り**表3.8**の値が用いられる。また，せん孔内に爆薬を装填した後，自由面側の空間を粘土や砂で埋めることを填塞といい，**図3.20**に示すd：填塞係数によって発破効果は大きく異なる。

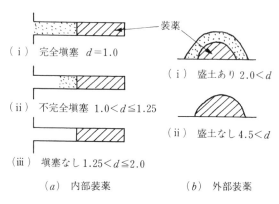

（ⅰ）完全填塞 $d=1.0$

（ⅰ）盛土あり $2.0<d$

（ⅱ）不完全填塞 $1.0<d\leqq1.25$

（ⅱ）盛土なし $4.5<d$

（ⅲ）填塞なし $1.25<d\leqq2.0$

（a）内部装薬　　　（b）外部装薬

図3.20 填 塞 係 数

2）ベンチカット工法　土砂掘削や石材採取などの現場では，**図3.21**に示すように階段状に発破と掘削を進めていく**ベンチカット**（bench cut）**工法**が行われる。2自由面を確保し，後ガスの換気の心配もなく，能率の良い施工が可能となる。装薬量は次式で求める。

$$L=CSWH \tag{3.6}$$

ここで，L：一孔当りの装薬量〔kg〕，C：発破係数〔kg/m³〕（**表3.9**に示す），S：せん孔間隔〔m〕，W：最小抵抗線〔m〕，H：ベンチの高さ〔m〕である。

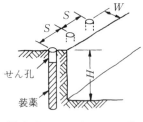

図3.21 ベンチカット工法

表3.9 ベンチカット工法の発破係数（C）（単位：〔kg/m³〕）〔日本火薬工業会：一般火薬学（新改訂版），p.216，（2001）〕

	3号桐ダイナマイト含水爆薬	硝安油剤爆薬
軟　　岩	0.1～0.2	0.2～0.3
中 硬 岩	0.2～0.3	0.3～0.4
硬　　岩	0.3～0.4	0.4以上

〔5〕 **発破の後処理**　　発破後には有毒ガスや粉塵を処理する必要がある。火薬類取締法によると，電気雷管使用時は5分以上，工業雷管では15分以上経過しなければ発破場所への立ち入りはできない。

　現場では残留爆薬の有無を調べ，不発のものがある場合は，水などで洗い出して回収するか，新たな爆薬をセットして爆破処理する。

コーヒーブレイク

音を奏でる砂

　人が歩くとキュッキュッと美しい音を奏でる砂がある。鳴き（り）砂とかミュージカルサンドと呼ばれている。わが国では琴ヶ浜や琴引浜など20ヶ所あまりの海浜で，また，海外では米国のネバダ砂漠や中国敦煌の鳴沙山などの砂漠に存在する。

　鳴り音は圧力を受けた砂のすべり帯が摩擦により周期的な振動を起こして発声するもので，整数倍の周波数で音圧レベルが大きいバイオリンなどの擦弦楽器と同じ音波特性である。鳴き砂がよく音を出す条件は，約0.5 mmの均等粒度の乾いた砂で，きれいな石英の含有率が高いことである。そして，粒子径が大きく，形が丸いほど低音で長い時間鳴る。また，鳴き砂は少しの汚れでも鳴かなくなることから環境の汚染度調査にも用いられている。

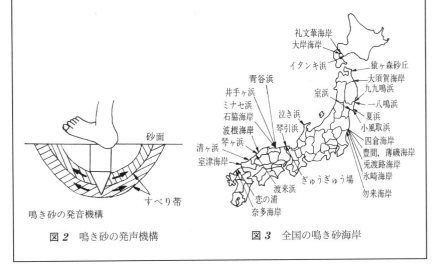

図2　鳴き砂の発声機構

図3　全国の鳴き砂海岸

3.3　盛土と締固め

3.3.1　盛　　　土

　盛土は従来の地盤の上に土構造物を盛り建てるもので，基礎地盤の沈下や盛土の崩壊などを防止し，周辺環境との安定を図る必要がある。

　盛土の安定は切土の場合と同様，浸透水の影響が大きく，法肩や盛土周辺に排水設備を設置して降雨や地山からの湧水を盛土内部に浸透させないこと，および盛土内部に線材によって作られたかごの中に玉石や砂利などを詰めた蛇かご，あるいは排水溝の中に砕石などを詰めた暗渠（あんきょ）などを設置して，内部に浸透した水を速やかに排出することが重要である。

　盛土を傾斜した地山に構築する場合，盛土のすべりを防止するために段切りを行う。また，地山の含水比が高く，せん断強度が小さい軟弱な場合には，支持力不足や沈下の問題が生じるために詳細な検討が必要である。道路建設における盛土の標準法面勾配は**表 3.10** のとおりである。

　近年，軟弱地盤上の盛土対策として，発泡スチロール，発泡ビーズや発泡固

表 3.10　盛土材料および盛土高に対する標準法面勾配〔日本道路協会：道路土工要綱（改訂版），p.102，丸善（1999）〕

盛 土 材 料	盛土高〔m〕	勾　　配	摘　　　要
粒度のよい砂（SW），砂利および砂利混じり砂（GM）（GC）（GW）（GP）	5 m 以下	1:1.5〜1:1.8	基礎地盤の支持力が十分にあり，浸水の影響のない盛土に適用する。( ) の統一分類は代表的なものを参考に示す。
	5〜15 m	1:1.8〜1:2.0	
粒度の悪い砂（SP）	10 m 以下	1:1.8〜1:2.0	
岩塊（ずりを含む）	10 m 以下	1:1.5〜1:1.8	
	10〜20 m	1:1.8〜1:2.0	
砂質土（SM）（SC），硬い粘質土，硬い粘土（洪積層の硬い粘質土，粘土，関東ロームなど）	5 m 以下	1:1.5〜1:1.8	
	5〜10 m	1:1.8〜1:2.0	
軟らかい粘性土（VH_2）	5 m 以下	1:1.8〜1:2.0	

化材などを盛土材料に混合し，載荷重を少なくして基礎地盤の破壊を防止する**軽量盛土**（light weight soil filling）**工法**や，ジオグリッドやジオネットなどの**ジオテキスタイル**（geotextile）を盛土内に挿入して地盤の変形を防止する**補強土**（reinforced earth）**工法**が用いられている。

3.3.2 締固めと品質管理

〔*1*〕　**締固め特性**　道路やアースダムなどの土構造物の造成では，設計で要求される強度・圧縮特性などの品質基準を達成するために土の**締固め**（compaction）が行われる。

現場で土を締め固めるには，一層の仕上がり厚さが約 50 cm 以下で，締固め機械による密度増加が期待できる薄層まき出しにする必要がある。一方，高まきは，1 m 以上の厚さに土を敷き広げて盛土する方法であり，速く簡単に造成が可能となるが，強度が小さく間隙の多い地盤が形成されるために用途が制限される。まき出しの様子を**図 3.22** に示す。

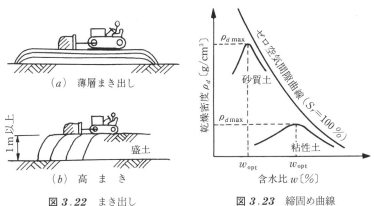

図 *3.22*　まき出し　　　　　図 *3.23*　締固め曲線

土の含水比を変え，一定のエネルギーで突固め試験を行って乾燥密度との関係をプロットすると，**図 3.23** の**締固め曲線**（compaction curve）が得られる。ここで，**最大乾燥密度** $\rho_{d\,max}$（maximum dry density）の得られる含水比が**最適含水比** w_{opt}（optimum moisture content）であり，このような高密度

の土は強度が大きく，圧縮性と透水性が小さくなる。そして，粒度が良い砂質系の土ほど上方に先鋭な曲線で最適含水比が小さく，高い乾燥密度になる。一方，粘性土はなだらかな曲線で最適含水比は大きく，乾燥密度は小さくなる。

この締固め曲線は土固有の性質ではなく，土の含水状態や締固め方法によって異なる。また，同じ土でも締固めエネルギーが大きいほど最適含水比は小さく，最大乾燥密度は大きくなる。

〔2〕 **締固め土の品質管理**　締固め土の施工・品質管理には品質規定と工法規定の二つがあり，現場の状況に応じていずれかを適用する。

1）品質規定

1）締固め度と施工含水比による方法　室内での締固め試験（JIS A 1210 -1990）により得られた最大乾燥密度に対して，現場で締め固めた土の乾燥密度の百分率を**締固め度** D_c（degree of compaction）という。

$$D_c = \frac{\rho_d}{\rho_{d\max}} \times 100 \qquad (3.7)$$

ここで，ρ_d：現場で締め固めた土の乾燥密度〔g/cm³〕，$\rho_{d\max}$：室内締固め試験により得られた最大乾燥密度〔g/cm³〕である。

締固め土の管理目標は，目的構造物が必要とする強度，沈下や透水性などの特性に応じて定められ，道路の路床や路盤は95％以上，路体は90％以上を採用することが多い。この目標値を達成するために土の施工含水比は，**図3.24**に示すように最適含水比付近の w_1 から w_2 の範囲にあることが必要である。一方，盛土は冠水した場合，吸水により強度が低下する。その影響を小さくするために施工含水比は，最適含水比と w_2 の範囲が施工基準として用いられる。

2）空気間隙率，飽和度による方法　日本で多く見られる火山灰質粘性土（関東ロームや信州ローム）などの細粒土は，自然含水比が最適含水比よりきわめて高いため，最適含水比への含水比調整が困難である。そこで，締固め土が浸水しても強度などの工学的性質への影響が少ないと考えられる範囲で，土構造物の**空気間隙率** v_a（air void ratio）や**飽和度** S_r

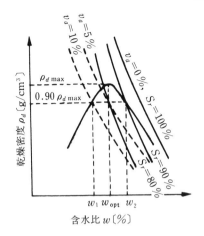

図 3.24 締固めの品質管理

(degree of saturation) により基準を定めている。粘性土を用いた盛土の一般的な施工管理基準は，$2\% \leqq v_a \leqq 10\%$ や $85\% \leqq S_r \leqq 95\%$ である。

$$\rho_d = \frac{\rho_w}{\dfrac{\rho_w}{\rho_s} + \dfrac{w}{S_r}} \tag{3.8}$$

$$\rho_d = \frac{\rho_w\left(1 - \dfrac{v_a}{100}\right)}{\dfrac{\rho_w}{\rho_s} + \dfrac{w}{100}} \tag{3.9}$$

ここで，ρ_d：乾燥密度〔g/cm³〕，ρ_w：水の密度〔g/cm³〕，ρ_s：土粒子の密度〔g/cm³〕，w：含水比〔%〕，S_r：飽和度〔%〕，v_a：空気間隙率〔%〕である。

また，施工含水比の上限は，締固め土が目標とする工学的条件と施工機械のトラフィカビリティーを満足するように定める。

3）**強度特性による方法**　締固め土の CBR，コーン指数や支持力係数などの強度特性により品質評価の基準値を定める方法である。例えば，道路の下層路盤材の品質規格は**表 3.11** である。この方法は用途に応じた適性の判断が可能であるが，浸水による強度低下の影響が大きなものには適用できない。

2）　工法規定‐標準施工による方法　目的構造物が必要とする特性が確実

表 3.11　下層路盤に用いる材料の品質規格〔日本道路協会：舗装の構造に関する技術基準・同解説，pp. 14〜15，日本道路協会（2003）〕

工法・材料	品　質　規　格
クラッシャラン，鉄鋼スラグ，砂など	修正 CBR 20 以上
セメント安定処理	一軸圧縮強さ（7 日）0.98 MPa
石灰安定処理	一軸圧縮強さ（10 日）0.7 MPa

に得られる施工方法を規定するものである。この方法の選択は，締固め対象土が均質で確実に締固め基準を達成できることが必要である。あらかじめ試験施工を行って締固め機械，締固め回数，締固め速度，まき出し厚さなどを定めておき，その方法に従って施工する。

3.3.3　締固め機械

締固めは，対象土の種類や含水比などの状態と，締固め度，飽和度や表面仕上げの程度などの施工基準の関係から，転圧・振動・衝撃などの最も適した締固め方法，および締固め機械を選定することが必要である。

図 3.25 は，3 種類の締固め機械による締固め回数と乾燥密度の関係である。振動ローラーは 3 回程度の締固め回数で最大乾燥密度が得られるのに比べ，タイヤローラーでは 5〜8 回，タンピングローラーでは 10〜13 回程度の締固めが必要なことがわかる。

また，同じ種類の締固め機械を用いた場合でも，目的とする施工基準により

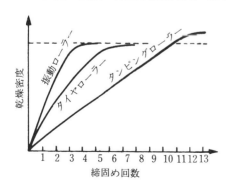

図 3.25　各種ローラーの締固め回数と乾燥密度の関係

最適施工方法が存在する。そのため，締固め計画は，2〜3種類の締固め機械により，まき出し厚（20〜50 cm），転圧速度（1〜5 km/h），締固め回数（1〜10回）などの条件を変えて，事前に試験施工を行って決定する。

〔**1**〕**ロードローラー**　ロードローラー（road roller）は，図 **3.26** に示すように表面が平らな鉄輪胴ローラを装着したもので，路床や路盤の転圧および舗装の表面仕上げに用いられる。

締固め対象土は，転圧時に水平方向に移動しにくい砕石，砂利，砂質土などが適している。前輪と後輪に直径と幅が異なる3個の車輪を装着した**マカダムローラー**（three wheel roller）と，同じ寸法の鉄輪を二軸あるいは三軸で平行に配列し，平坦性の高い仕上げに用いられる**タンデムローラー**（tandem roller）がある。

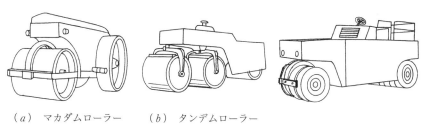

（*a*）　マカダムローラー　　（*b*）　タンデムローラー
図 3.26　ロードローラー

図 3.27　タイヤローラー

〔**2**〕**タイヤローラー**　タイヤローラー（tire roller）は，図 **3.27** に示すように表面にトレッドのない平滑なタイヤを前後部に数多く装着したもので，締固め表面を比較的平らに転圧できる。車体タンクへの注水とタイヤの空気圧の調整により接地圧の変化が可能で，幅広い土質に対応でき，盛土，路床・路盤やアスファルト混合物の舗装の転圧に使用される。

〔**3**〕**タンピングローラー**　タンピングローラー（tamping roller）は，図 **3.28** に示すように鉄輪胴ローラーに矩形や台形の突起を数多く付けた構造であり，代表的なものが羊の足を模したシープスフートローラーである。締固めのほか，高速走行による上下層の混合や破砕，高含水比の土の爆気乾燥を行うことができる。高含水比粘性土は突起の間に詰まることがあるが，転圧回

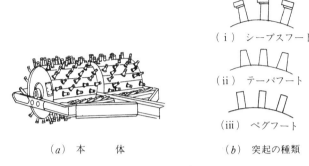

（i）シープスフート

（ii）テーパフート

（iii）ペグフート

（*a*）　本　　体　　　　　　（*b*）　突起の種類

図 3.28　タンピングローラー

数を多くすると，ほかの締固め機械に比べて大きな締固め効果が得られる。

〔**4**〕　**振動ローラー**　　**振動ローラー**（vibration roller）は，図 3.29 に
示すように振動によって土粒子間の摩擦抵抗を減らし，小さな荷重で，大きな
締固め効果をあげることができる締固め機械である。締固め材料や層厚により
最適の振動数，振幅，振動輪の線圧がある。間隙が大きく沈み込みが大きい地
盤は，あらかじめほかの機械による締固めが必要である。

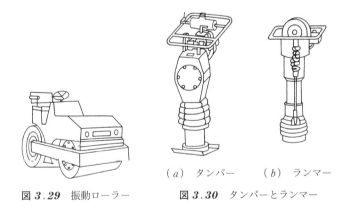

（*a*）　タンパー　　（*b*）　ランマー

図 3.29　振動ローラー　　　図 3.30　タンパーとランマー

〔**5**〕　**タンパーとランマー**　　**タンパー**（tamper）と**ランマー**（ram-
mer）は，図 3.30 に示すように打撃板に衝撃を与える小型の締固め機械であ
る。いずれもエンジンの回転をクランクなどによって変換した往復運動を打撃
板に伝達するもので，タンパーは小さな落下高さで多くの打撃回数を地盤に伝

えて締め固める。一方，ランマーは単位時間当りの打撃回数は少ないが，落下高さが大きい特徴を持っている。

　いずれも締固め効果は大きいが，平坦性，機動性が乏しいため，埋設管や排水溝などの小規模工事や，混み入った場所の基礎の締固めに用いられる。

〔**6**〕　**ソイルコンパクター**　ソイルコンパクター（soil compactor）は，図 *3.31* に示すように小型起振機の振動を平板に伝えて地盤を締め固めるとともに，振動軸を前方に傾斜させて走行力を得るものである。小型で取り扱いやすく，表面の仕上がり状態が良いため，アスファルト舗装面の整形や小規模工事の締固めに用いられる。

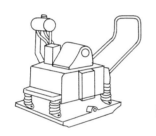

図 *3.31*　ソイルコンパクター

3.4　**浚渫と埋立て**

　船の航路・泊地や河川の流積の確保，水中の基礎掘削，環境対策としての底泥除去のために水面下の土砂を掘削することを**浚渫**（dredging）という。

　浚渫のおもな作業船は，ポンプ船，グラブ船，バケット船，ディッパー船の4種類である。浚渫地盤の構成や強度，水深，浚渫土量，工期，工費，搬送場所や距離，土捨てや埋立ての条件，気象・海象などを考慮して最も適した工法を選択する必要がある。近年，環境改善のために，水底に堆積した汚泥の除去を目的とした特殊な浚渫船も稼働している。

　一方，**埋立て**（reclamation）は，河川や沿岸海域を土砂の投入により陸地に変えるものである。埋立てを行うには，「公有水面埋立法」により都道府県知事の許可を必要とし，生態系をはじめとする環境・防災面への配慮が必要である。

　埋立てに用いる材料は，山砂，浚渫土や廃棄物が用いられる。埋立地の利用条件に応じた工学的性質を達成するため，埋立材料，敷ならし，締固めなどの方法を検討する。特に，浚渫土や廃棄物が有害物質を含有する場合は，浸出水や有害ガスの処理の問題がある。

　〔**1**〕　**ポンプ式浚渫船**　　図 *3.32* に示す**ポンプ式浚渫船**（suction dredger）は，ラダーの先端についているカッターで地盤を破砕・かくはんし，水と土砂の混合物を渦巻きポンプで吸引し，排砂管を通して土運船や埋立地に直接，かつ連続的に搬送する浚渫船である。ほかの工法に比べて施工能率が高く，単価が安いため，浚渫土量の多い場合に適する。しかし，搬送距離に制限があり，排砂管の敷設や管理に手間がかかる短所がある。

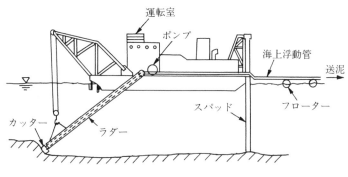

図 *3.32*　ポンプ式浚渫船

　〔**2**〕　**グラブ式浚渫船**　　図 *3.33* に示す**グラブ式浚渫船**（grab dredger）は，浮船にグラブバケットを装着したショベル系掘削機を積載した浚渫船

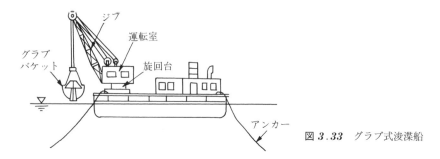

図 *3.33*　グラブ式浚渫船

である。機構が簡単で建造費が安価であり，ワイヤロープの長さの変化で大き
な浚渫深度にも対応できる。しかし，浚渫能力（施工能率および硬い地盤の掘
削能力）は小さく，浚渫跡が不整のために余堀りが大きくなる短所がある。し
たがって，小規模で深い場所の浚渫に用いられる。

〔**3**〕 **バケット式浚渫船**　　図 **3.34** に示す**バケット式浚渫船**（bucket-
ladder dredger）は，多数のバケットを連結したバケットラインをラダーに装
着・回転して土砂を連続的に掘削する。高能率の浚渫が可能で浚渫跡は平らに
仕上げることができ，工事単価も安価である。しかし，岩石などの硬い地盤に
は不適で，建造費や修理費が高くつく傾向がある。

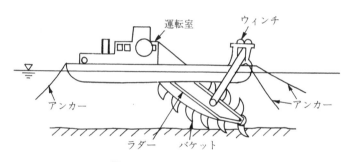

図 3.34　バケット式浚渫船

〔**4**〕 **ディッパー式浚渫船**　　図 **3.35** に示す**ディッパー式浚渫船**（dip-
per dredger）は，浮船にパワーショベル掘削機を積載した浚渫船である。浚
渫船本体の固定はアンカーやワイヤを用いず，スパッドで水底から直接支持し
て掘削するために作業中の占有面積が小さい。浚渫船のなかで最も硬い地盤の

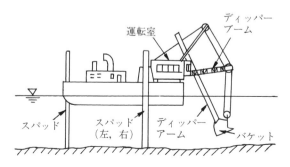

図 3.35　ディッパー式
浚渫船

掘削が可能であるが，浚渫能率は小さく，施工単価は高い。

3.5　法 面 の 保 護

法面（slope）は，切土や盛土によって作られた人工的な斜面であり，完成後には速やかな保護工の施工が望まれる。流水や風などによる法表面の土粒子の移動，地震・梅雨や集中豪雨などによる崩壊などの災害の発生もまれではない。そこで，法面保護工として植生や構造物を設置すると，法表面の侵食や風化，および地すべりや崩壊などの災害が防止できる。また，法面の緑化は自然環境を保護し，人々の心を癒す景観の改善が期待できる。

〔**1**〕 **植生による防護工**　　植生（vegetation）は，法面に草木を繁茂させて雨滴や流水の衝撃を和らげ，根の伸長により法面表層部の安定を図ることである。一般に，法面は日当りや施工高さにより乾燥や湿潤が顕著で肥料の乏しい場所である。そこで，草木が枯れずに生育するためには，それらの環境に適した品種を選択する必要がある。

植生の最も一般的な種類は芝である。これを**図3.36**に示す。切土法面の表面に切芝を張り付け，移動を防ぐために目串で固定する張芝工や，盛土法面の成形時に埋め込み，切芝の一端を地表面に出す筋芝工がある。そのほかの植生工法には，植生穴工，植生盤工，種子吹付工などがある。

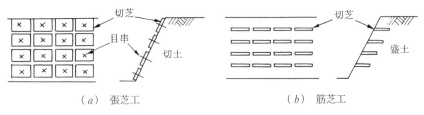

（*a*）　張芝工　　　　　　　　　　（*b*）　筋芝工

図3.36　植生による防護工

〔**2**〕　**モルタル・コンクリート吹付工，石張工，コンクリート張り工**　　モルタル，コンクリートや張り石などで切土法面を被覆し，侵食や風化などによる地盤の強度低下，崩壊を防止する工法である。頁岩や凝灰岩などは，降雨や

日光にさらされて乾湿が繰り返されると短期間に劣化するため，切土直後の高強度を維持することが重要となる。地盤にアンカーを打ち，金網などを張り付けた後に，均一の厚さで吹付けを行う。しかし，湧水の多い法面では，裏込めや水抜き穴を設置して排水に注意する必要がある。

〔**3**〕 **プレキャストコンクリート枠工，現場打鉄筋コンクリート枠工**　　急勾配の崩れやすい法面では，既製のプレキャストコンクリートや，より剛性の高い鉄筋コンクリートなどで**図3.37**のような枠を形成して安定を図る。部材の交点では，強固な地盤にアンカーを設置してすべりや，はく離を防止する。枠内は良質土で埋め戻したりブロックや石などを張ったりする。

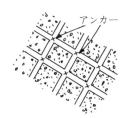

図3.37 鉄筋コンクリート枠工

〔**4**〕 **排水溝の設置**　　法肩に開渠を設置し，法表面の流水による土砂の流出を防止する。また，蛇かごや暗渠を法面内に埋め込み，排水性を良くして法面の安定を図る。

〔**5**〕 **補強土工法**　　法面の土構造物の内部に，鋼材やジオテキスタイルなどの補強材を埋設し，その安定性を向上させる工法である。

図3.38に示すテールアルメ工法は，鉛直壁のスキン材料と棒状の補強材

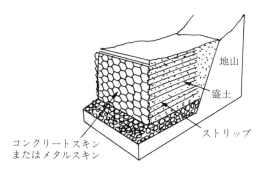

地山

盛土

ストリップ

コンクリートスキンまたはメタルスキン

図3.38 テールアルメ工法

とを組み合わせて盛土を安定化したものであり，補強材と土の摩擦力により鉛直壁の崩壊を防ぐ構造である。スキン材料は工場のプレハブ製品で品質の安定化，施工の省力化と迅速化が可能であり，盛土用地を少なくできるために工事費の軽減が図れる。

　また，シート，ネットやグリッド状のジオテキスタイルを用いて法面を安定化する方法も用いられている。

演 習 問 題

【1】　土工作業において，降雨後の作業を速やかに再開するために留意すべき水対策について述べよ。

【2】　問図 *3.1* の縦断図のように道路を計画した。つぎの問に答えよ。

(1)　土量計算書を完成し，土積曲線を求めよ。ただし，道路幅員は 20 m で全幅にわたって縦断図と同じ高さとする。なお，土質は礫混じり砂で土量変化率は $L=1.2$，$C=0.9$ である。

測点	距離〔m〕	中心高〔m〕	切土〔m³〕	盛土〔m³〕 設計量	盛土〔m³〕 補正量	累加土量〔m³〕
0	20	1.00	—	—	—	0
1	20	1.00	400	—	—	400
2	20	2.00 / −2.70	600	—	—	1 000
3	20	−2.70 / 0.50	—	−1 080	−1 200	−200
4	20	0.50 / 2.50	200	—	—	0
5	20	2.50	1 000	—	—	1 000
6	20	1.50 / −1.80	800	—	—	1 800
7	20	−1.80	—	−720	−800	1 000
8	20	−1.80	—	−720	−800	200
合計	—	—	3 000	−2 520	−2 800	—

(*a*)　土量計算書

(*b*)　縦 断 図

(*c*)　土 積 曲 線

問図 *3.1*

（2） 土積曲線の変曲点はなにを表しているか。

（3） 工事区間全体の土量の均衡はどうか。

（4） No.2〜3 間の盛土の土はどこから運搬すればよいか。

（5） HJK 間の切取りから盛土への運搬土量と平均運搬距離はいくらか。

【3】 岩の掘削において，その硬さを硬・中硬・軟の 3 種類に分けて，掘削方法の適用性について説明せよ。

【4】 発破工法についてつぎの問に答えよ。

（1） 最小抵抗線 2 m の標準装薬量が 3.2 kg の場合，同一条件のときの最小抵抗線が 3 m の場合の装薬量はいくらか。

（2） ベンチカット工法で石灰岩の掘削を行う。ベンチ高さ 10 m，せん孔間隔 2.0 m，最小抵抗線 2.0 m のとき，3 号桐ダイナマイトを使用するときの装薬量を求めよ。

4

基　礎　工

　各種構造物の最下部に設置され，構造物の重量，およびそれに加わる外力を堅実な地盤に伝達するものを基礎という。いかに良好な構造物を築造しても，その基礎が不確実なものであれば構造物は沈下，傾斜，転倒，滑動などの問題が生じ，その機能を果たすことはできない。

　「地盤は生きている」といわれる。当初，安定な地盤であっても，降雨や地下水の流況の変化などにより，その状態は経時的に変化する。基礎は構造物を安定した状態で供用させるため，地盤や周辺環境など，あらゆる関係を考慮して施工することが必要である。

4.1　概　　　説

4.1.1　地盤の破壊形式と支持力

　基礎（foundation）には，構造物が機能を満足に果たすように安全に上部荷重を伝達し，有害な沈下を防ぐことが求められる。一方，基礎を支持する地盤にも構造物を支える大きな役割がある。基礎から伝達される荷重により発生するせん断応力が，地盤のせん断強さより小さいときには地盤は安定であるが，地盤内に発生するせん断応力のほうが大きくなると，地盤は破壊する。

　地盤は不均質で複雑なため，支持力を数値解析により精確に求めることは困難であり，現場で**図 4.1**（*a*）に示す**載荷試験**（loading test）を行って支持力を求める方法が高い信頼性を得ている。

　図（*b*）は，載荷試験結果の代表的な荷重-沈下量曲線を示したものである。ここで，曲線 A は，上載荷重の初期増分に対する沈下量が直線的に増加し，

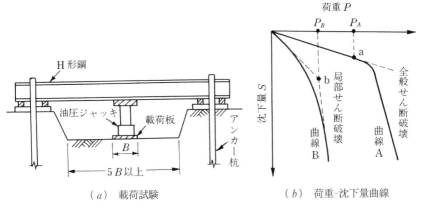

（*a*） 載荷試験 （*b*） 荷重-沈下量曲線

図 4.1 載荷試験とその結果

地盤は弾性的挙動を示す。しかし，荷重がある値 P_A に達すると，沈下が急激に進行して地盤は破壊する。このような破壊形式を**全般せん断破壊**（general shear failure）といい，締まった砂質地盤や固い粘性土地盤に見られる。一方，曲線 B は，上載荷重の増加につれて沈下量は徐々に増加し，明確な破壊点は見られない。このような破壊形式を**局部せん断破壊**（local shear failure）といい，緩い砂地盤や軟弱な粘性土地盤に見られる。

極限支持力（ultimate bearing capacity）q_u は，地盤に破壊が生じるかどうかの極限の支持力であり，図（*b*）の曲線 A では，沈下初期の直線から外れる点の荷重 P_A をいう。一方，曲線 B では，沈下初期と末期の直線の交点 P_B を極限支持力とする。ここで，直線部分が認められないときは，荷重-沈下量曲線を両対数紙にとり，折れ点に対応する荷重を極限支持力とする。

基礎の設計では，極限支持力を安全率で割った値である**許容支持力**（allowable bearing capacity）$q_a = q_u / F_s$ を用いる。一般に，安全率は当該機関により設定されているが，常時 $F_s = 3.0$，地震時 $F_s = 1.5 \sim 2.0$ が多く用いられている。また，**許容地耐力**（allowable bearing power）は，地盤の許容支持力と，構造物の許容沈下量から求めた地盤の支持力のうち，小さいほうの値をいう。

4.1.2 基礎工の種類

基礎は，上部構造物の荷重の大きさや重要度，および支持地盤の深さや工学的性質などにより，**図 4.2** に示す種々の工法が用いられる。それらは支持機構の違いにより「浅い基礎」と「深い基礎」に分けられ，基礎の幅 B に対する根入れの深さ D の比 D/B が 1 以下を浅い基礎としている。

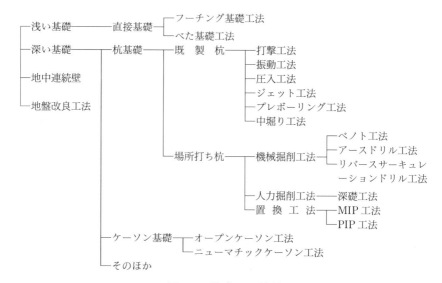

図 4.2 基礎工の種類

基礎は，つぎの要因を検討して最も適した工法を選定する。

1) 支持地盤の工学的性質   現場試験や採取試料による室内試験により，地盤のせん断強さや圧密などの工学的性質を調べる。

2) 基礎が伝達すべき荷重の大きさ   構造物の目的，種類，重要度に合った支持力を備えた基礎を選ぶ。

3) 許容沈下量   構造物の機能を果たす沈下量に収まる層に支持させる。基礎全体の沈下は許されることもあるが，特に，沈下量が一様でない不同沈下は，構造物にひび割れなどの被害を及ぼすことが多いので注意する。

4) 周辺地域への影響   地下水位や流況の変化に注意する。また，病院，学校，住宅地などの近くで施工する場合，騒音，振動，交通障害など，周

辺環境に悪影響を及ぼさないように配慮する。さらに，掘削泥土や泥水など，工事に伴い廃棄物が発生する場合は，その処理や運搬方法などを考慮する必要がある。

5）そ の ほ か　　構造物支持の確実性，経済性，安全性，施工性，地域性なども考慮する。

一般に，地盤の強度と許容沈下量が小さく，伝達荷重が大きいほど必要とする基礎は大きく深いものになる。

4.2　基礎工にかかわる共通事項

4.2.1 土　留　め　工

〔1〕　**土留め工の種類**　　基礎の施工に伴って地盤を掘削する場合，掘削法面や周辺地盤の崩壊を防止するために土留め工を行う。土留め工には，**図 *4.3***

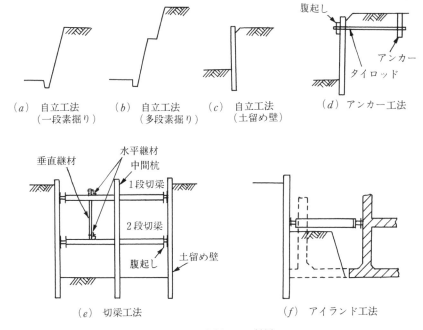

（*a*）　自立工法　　　（*b*）　自立工法　　　（*c*）　自立工法　　　（*d*）　アンカー工法
　　　　（一段素掘り）　　　　　　（多段素掘り）　　　　　　　（土留め壁）

（*e*）　切梁工法　　　　　　　　　　　　（*f*）　アイランド工法

図 *4.3*　土留め工の種類

に示すように自立工法，アンカー工法，切梁工法，アイランド工法などがある。

1）自 立 工 法　　地盤が良好なとき，掘削深さが浅いときや工事の占有面積に余裕があるときに用いられる。矢板を根入れにより，あるいは掘削法面を自立させて掘削空間を確保する。

2）アンカー工法　　掘削深が大きくなり土留め工が自立しない場合は，矢板工法や親杭横矢板工法に腹起しを設け，掘削背面にアンカーをとりタイロッドで固定する。

3）切 梁 工 法　　土留め工に腹起しと切梁を設置して掘削空間を内側から支え，崩壊を防止しながら掘削を進める最も一般的に用いられる工法である。掘削空間が広い場合は，切梁の座屈を防ぐために中間杭や継材を設置する。

4）アイランド工法　　掘削空間が広い場合，長大な切梁を設置するのは不経済である。そこで，まず構造物の一部分を築造し，それを支えにして崩壊を防止する腹起しと切梁を設置する工法である。

〔2〕　**土留め工に作用する土圧**　　切梁で支持したたわみ性の土留め工に土圧が作用すると，土留め工が変形して土圧の再配分が行われる。その値を正確に求めることは困難であり，日本建築学会の基礎構造設計規準では，これまでの実績により土留め工にかかる土圧として**図4.4**を用い，親杭で支持された単純梁として設計する。また，切梁と腹起しは**図4.5**のような土圧が作用する部材として設計する。

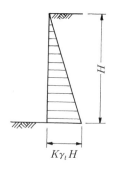

地　　　　　　　盤		側 圧 係 数
砂 地 盤	地下水位の浅い場合	0.3〜0.7
	地下水位の深い場合	0.2〜0.4
粘土地盤	軟らかい粘土	0.5〜0.8
	硬い粘土	0.2〜0.5

γ_t：土の湿潤単位体積重量〔kN/m³〕
H：根切り深さ〔m〕
K：側圧係数

$K\gamma_t H$

図4.4　土留め工にかかる土圧分布

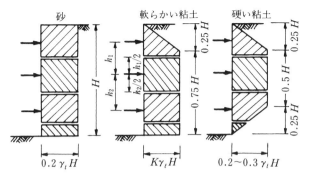

γ_t：土の湿潤単位体積重量〔kN/m³〕

H：根切り深さ〔m〕

K：側圧係数 $1-\dfrac{4c_u}{\gamma_t H}$ （ただし，$K \geqq 0.3$）

　　一般には $c_u = \dfrac{q_u}{2}$ とする

q_u：土の一軸圧縮強さ〔kN/m²〕

図 4.5 切梁と腹起しにかかる土圧分布

〔3〕 土留め工の根入れ長さ　　土留め工の根入れ長さは，**図 4.6** に示すように土留め工の最下段の切梁位置 A を支点として，その点より下の主働土圧 P_A による回転モーメントと，受働土圧 P_P による抵抗モーメントによる安全率 F_S が 1.2 以上になるように設計する。

$$p_a = (q + \gamma h_1)\tan^2\!\left(45° - \frac{\phi}{2}\right) - 2c\tan\!\left(45° - \frac{\phi}{2}\right) \tag{4.1}$$

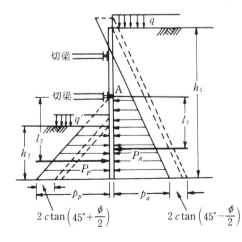

図 4.6 土留め工の根入れに作用する土圧

$$p_p = (q' + \gamma h_2)\tan^2\left(45° + \frac{\phi}{2}\right) + 2c\tan\left(45° + \frac{\phi}{2}\right) \tag{4.2}$$

$$F_s = \frac{M_r}{M_d} = \frac{l_2 P_P}{l_1 P_A} \tag{4.3}$$

ここで，p_a，p_p：土留め工下端の主働土圧および受働土圧〔kN/m²〕，γ：土の単位体積重量〔kN/m³〕，q，q'：上載荷重〔kN/m²〕，h_1，h_2，l_1，l_2：図中の長さ〔m〕，c：土の粘着力〔kN/m²〕，ϕ：土の内部摩擦角〔°〕，P_P，P_A：主働土圧および受働土圧の合力〔kN/m〕である。

4.2.2 ヒービングとボイリング

　土留め壁内部を深さ方向に掘削が進むと，地盤の安定が悪くなって掘削底面が盛り上がり，土留め背面の地盤が陥没することがある。これがヒービングあるいはボイリングであり，現象は似ているが，発生する地盤や原因は異なる。

〔**1**〕 **ヒービング**　　図 **4.7** に示す**ヒービング**（heaving）は，軟弱な粘性土地盤を掘削する際，土留め壁背面の土の重量が地盤の極限支持力より大きくなり，土留め壁内側の底面が盛り上がる現象である。建築基礎構造設計規準では，土留め壁の掘削面を中心とした回転モーメントと抵抗モーメントを比較し，安全率 F_s を 1.2 以上にする必要がある。ヒービングの防止対策は，土留め壁の根入れ長を大きくするか，掘削地盤の強度を高める。

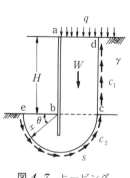

図 **4.7** ヒービング

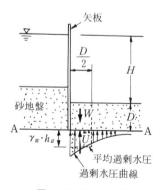

図 **4.8** ボイリング

$$M_d = \frac{x^2}{2}(\gamma H + q) \tag{4.4}$$

$$M_r = c_1 H x + c_2 \pi x^2 \tag{4.5}$$

$$F_s = \frac{M_r}{M_d} \tag{4.6}$$

ここで，M_d：回転モーメント〔kN・m〕，M_r：抵抗モーメント〔kN・m〕，c_1，c_2：粘着力〔kN/m²〕，γ：土の単位体積重量〔kN/m³〕，H，x：図中の長さ〔m〕である。

〔**2**〕　**ボイリング**　**図4.8**に示す**ボイリング**（boiling）は，地下水位以下の砂地盤を掘削する際に，砂中の浸透水圧が限界動水圧以上になり，砂が沸騰するように掘削底面内に入り込み，土留め壁内側の底面が盛り上がる現象である。防止対策は，周囲の地下水位を低下するか，砂粒子の移動を拘束する地盤改良などの手段を講じる。

$$W = \gamma' \frac{D^2}{2} \tag{4.7}$$

$$U = \frac{D}{2} \gamma_w h_a \tag{4.8}$$

$$F_s = \frac{W}{U} = \frac{D r'}{\gamma_w h_a} = \frac{2 D \gamma'}{\gamma_w H} \tag{4.9}$$

ここで，γ'：土の水中単位体積重量〔kN/m³〕，γ_w：水の単位体積重量（≒9.81 kN/m³），h_a：平均過剰水圧で$H/2$にとれば安全側になる〔kN/m²〕，D，H：図中の長さ〔m〕，F_s：安全率（1.2以上）である。

4.2.3　排 水 工 法

　掘削工事において，地下水の有無は施工法の選定，仮設構造物の設計や施工能率に大きく影響する。

　掘削前に地下水位を低下すると，湧水による土留め壁の背面土砂の流出防止をはじめ，土留め壁に対する土圧や水圧の軽減，圧密の促進，地山のせん断強度の増加によるヒービング・ボイリングの防止などが図られ，掘削時の危険を回避して作業を能率よく行える利点がある。

排水（drainage）工法は，集水範囲の地盤の透水係数により重力排水工法，真空排水工法，電気浸透工法に分類でき，後者ほど透水係数の小さい地盤に適用できる。排水工法の種類と適用範囲を図4.9，図4.10に示す。排水による地下水位の低下は，周辺地域の地盤沈下や井戸水の枯渇などの悪影響が生じないように注意する必要がある。

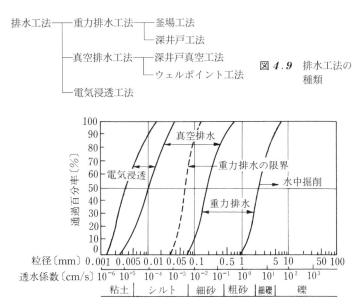

図4.9　排水工法の種類

図4.10　排水工法の適用範囲〔土質工学会軟弱地盤対策工-調査設計から施工まで—現場技術者のための土と基礎シリーズ，p.76，土質工学会（現，地盤工学会）（1988）〕

〔1〕　重力排水工法　　重力排水（gravity drainage）工法は地盤の中から重力の作用で自然に湧出する水を，掘削底面や，それより低い場所に集めて水中ポンプで排水する最も簡単な排水工法である。透水係数が $10^{-2} \sim 10^{1}$ cm/s 程度の砂礫地盤に適用できる。

1）　釜場工法　　図4.11に示す釜場（sump）工法は掘削底面の最も低い位置に，矢板などで囲った釜場と呼ぶ水を溜める空間を設け，周辺から集まってくる水を揚水ポンプで排出する方法である。最も簡単な構造であり，小規

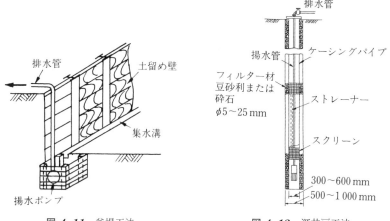

排水管
土留め壁
集水溝
揚水ポンプ

図 4.11 釜場工法

排水管
揚水管
ケーシングパイプ
フィルター材
豆砂利または
砕石
φ5〜25 mm
ストレーナー
スクリーン
300〜600 mm
500〜1 000 mm

図 4.12 深井戸工法

模で浅い掘削現場に適しているが，掘削の進行に合わせて掘り下げる必要がある。

2）　深井戸工法　　図 **4.12** に示す**深井戸**（deep well）**工法**は地下水位の低下を計画する区域の中心近くに排水用の直径 0.5〜1.0 m の深井戸を掘り，この中にストレーナーを有するパイプを建て込み，地盤との隙間にフィルター材を充填し，これを通して集まった水を水中ポンプで排出する工法である。数十 m の揚程が可能で，狭い範囲の大きな地下水位の低下に用いる。排水効率を維持するには，適正なフィルター材を設置することが重要である。フィルター材の目が大きすぎると，周辺の土がパイプ内に流入して地盤内に空隙ができ，また，フィルター材の目が小さすぎると，フィルター材が目詰まりを起こして集水効果が低下する。

〔2〕　真空排水工法　　**真空排水**（vacuum drainage）**工法**は地盤の集水範囲に真空ポンプで負圧をかけ，地下水を強制的に集め，ポンプで排水する方法である。集水能力が高く，排水効果が確実であり，透水係数が 10^{-4}〜10^{-2} cm/s 程度のシルト質地盤に適用できる。

1）　深井戸真空工法　　**深井戸真空**（vacuum deep well）**工法**は深井戸工法のウェルの地表付近を粘土などを詰めて大気と遮断し，孔内に負圧をかけて

強制的に集水し，集まった水をポンプで排出する工法である。

2) **ウェルポイント工法** **ウェルポイント**（well point）**工法**は地下水位を低下する範囲をウェルポイントと呼ぶ集水管を多数配置して壁状に囲い，これに負圧をかけて集水し，揚水ポンプで排出する工法である。ウェルポイント工法の概要とウェルポイントの構造図を図 **4.13**，図 **4.14** に示す。

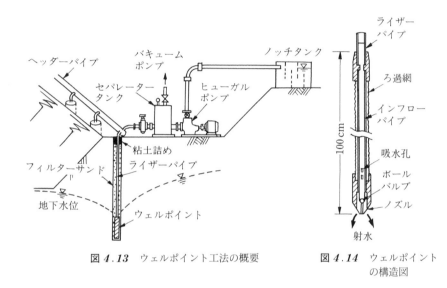

図 4.13 ウェルポイント工法の概要   **図 4.14** ウェルポイントの構造図

施工方法は，直径約 15 cm の砂杭により掘削区域を 1〜2 m 間隔で囲み，その中にライザーパイプを接続したウェルポイントを高圧水の噴射により所定の深さまで挿入する。砂杭の上端を粘土などで詰めて大気と遮断し，負圧をかけて集め・くみ上げた地下水は，セパレータータンクで気体と分離して排出する。杭材のサンドフィルターは，ライザーパイプへ土粒子が流入するのを防ぐとともに，鉛直方向の透水性を確保するために用いる。

ウェルポイント工法の揚程能力は約 7 m であり，深い場所からの排水は段数を増やすかほかの排水工法を併用する必要がある。

〔**3**〕 **電気浸透工法**   地盤にサンドドレーンを設置し，その一方にウェルポイントを入れて陰極とし，他方に鉄，アルミニウム，銅などを陽極として

150 V 以下，15〜30 A 程度で通電すると，土中の水は陰極に集まる。これを
ポンプで排水する方法を**電気浸透**（electro-osmosis）**工法**と呼ぶ。本工法は，
水の移動が困難な透水係数が 10^{-5}〜10^{-4} cm/s 以下の粘土質地盤に適用する。

4.3　浅 い 基 礎 工 法

4.3.1　浅い基礎の種類と特徴

上部構造物からの荷重を，基礎板を介して深さ約 5 m 以下の比較的浅い支
持地盤に直接伝える形式であり，**図** *4.15* に示すフーチング基礎工法とべた
基礎工法に大別される。

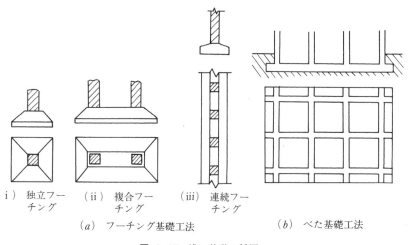

（ i ）独立フー　　（ ii ）複合フー　　（iii）連続フー
　　チング　　　　　チング　　　　　チング
　　　　（*a*）フーチング基礎工法　　　　　（*b*）べた基礎工法

図 *4.15*　浅い基礎の種類

〔*1*〕　**フーチング基礎工法**　　**フーチング基礎**（footing foundation）**工法**
は上部構造物の柱荷重を，正方形や長方形などの断面を広げた足で支えるもの
である。柱荷重や地盤の強さが一様でない場合や，荷重強度が特に大きい場合
は，不同沈下や構造物に発生する応力増加に対処するために，複合フーチング
や連続フーチングが用いられる。

〔*2*〕　**べた基礎工法**　　**べた基礎**（mat foundation）**工法**は上部構造物の

荷重をスラブ全面で地盤に伝えるものであり，地盤の支持力が小さい場合や，伝達荷重が非常に大きい場合などに用いられる。

　浅い基礎工法の選択は，支持地盤が地表面近くに存在することが必要である。深い基礎に比べて，その特徴はつぎのとおりである。

　①　支持地盤を実際に目で確認しながら施工できるので確実である。

　②　施工時の騒音，振動，地下水汚濁などの建設公害が比較的少ない。

　③　隣接構造物に与える影響が少ない。

　④　施工時の所要作業空間，特に上空空間が少ない。

　⑤　工費，工期が他工法に比べて有利である。

　⑥　同一伝達荷重に対する所要面積が広い。

　⑦　凍上，洗掘による悪影響を受けやすい。

4.3.2　浅い基礎の支持力

　べた基礎やフーチング基礎などの浅い基礎の支持力公式はつぎのとおりであり，安全率は $F_s=3$ とするのが一般的である。

〔**1**〕　**テルツァギーの支持力公式**　　テルツァギー（Terzaghi）の支持力公式は，基礎の直下に剛性の土くさびが発生し，これが地盤内に押し込まれるときに周辺地盤に受動土圧抵抗力と粘着抵抗力が働くと仮定した釣合い条件より得られるもので，その支持機構を**図 4.16** に示す。砂から粘土までの広い範囲の地盤に適用でき，破壊形式によりつぎのいずれかの式で極限支持力を求める。

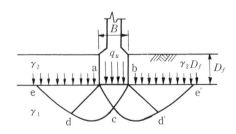

図 4.16　浅い基礎の支持機構

1） 全般せん断破壊

$$q_u = \alpha c N_c + \beta \gamma_1 B N_r + \gamma_2 D_f N_q \qquad (4.10)$$

2） 局部せん断破壊

$$q_u' = \frac{2}{3} \alpha c N_c' + \beta \gamma_1 B N_r' + \gamma_2 D_f N_q' \qquad (4.11)$$

ここで，q_u, q_u'：極限支持力〔kN/m²〕，c：土の粘着力〔kN/m²〕，γ_1：基礎底面より下の地盤の単位体積重量，地下水位以下の場合は水中単位体積重量〔kN/m³〕，γ_2：基礎底面より上の地盤の単位体積重量，地下水位以下の場合は水中単位体積重量〔kN/m³〕，α, β：基礎の形状係数，N_c, N_c', N_r, N_r', N_q, N_q'：テルツァギーの支持力係数，D_f：基礎の根入れ深さ〔m〕，B：基礎の荷重面の最小幅〔m〕である。基礎の形状係数，テルツァギーの支持力係数を**表4.1**，**表4.2**に示す。

表4.1 基礎の形状係数

形状係数	連　続	正方形	長　方　形	円　形
α	1.0	1.3	$1+0.3\,B/L$	1.3
β	0.5	0.4	$0.5-0.1\,B/L$	0.3

B：長方形基礎の短辺，L：長方形基礎の長辺

表4.2 テルツァギーの支持力係数

ϕ	N_c	N_r	N_q	N_c'	N_r'	N_q'
0°	5.71	0.00	1.00	5.71	0.00	1.00
5°	7.32	0.00	1.64	6.72	0.00	1.39
10°	9.64	1.20	2.70	8.01	0.00	1.94
15°	12.8	2.40	4.44	9.69	1.20	2.73
20°	17.7	4.50	7.48	11.9	2.00	3.88
25°	25.0	9.20	12.7	14.8	3.30	5.60
30°	37.2	20.0	22.5	19.1	5.40	8.32
35°	57.8	44.0	41.4	25.2	9.60	12.8
40°	95.6	114	81.2	34.8	19.1	20.5
45°	172	320	173	51.1	27.0	35.1

また，砂地盤では標準貫入試験の N 値から**表4.2**の内部摩擦角を $\phi = \sqrt{12N} + 15° \sim 25°$ で求める。ここで，第2項は細かい砂：15°，中くらいの砂：20°，粗い砂：25° である。

〔2〕 砂質地盤の支持力公式　　マイヤーホフ（Meyerhof）は砂質地盤の

極限支持力 q_u〔kN/m²〕を標準貫入試験とコーン貫入試験の結果より次式で求めている。

$$q_u = 3NB\left(1+\frac{D_f}{B}\right)\times 9.81 \tag{4.12}$$

$$q_u = \frac{3}{40}q_cB\left(1+\frac{D_f}{B}\right) \tag{4.13}$$

ここで，N：N値，D_f：基礎の根入れ深さ〔m〕，B：基礎の荷重面の最小幅〔m〕，q_c：コーン指数〔kN/m²〕である。

〔**3**〕　**粘性土地盤の支持力公式**　　粘性土の地盤において，基礎は底面の一端を中心として円形すべりにより**図4.17**のように転倒破壊する。そこでチェボタリオフ（Tschebotarioff）は，回転中心 b についてのモーメントの極限平衡から極限支持力 q_u〔kN/m²〕をつぎの式で与えている。

$$q_u\frac{B^2}{2} = c(\pi B^2 + D_fB) + \gamma_tD_f\frac{B^2}{2}$$

$$\therefore\quad q_u = c\left(2\pi + \frac{2D_f}{B}\right) + \gamma_tD_f \tag{4.14}$$

ここで，c：地盤の粘着力〔kN/m²〕，γ_t：地盤の単位体積重量〔kN/m³〕，D_f：基礎の根入れ深さ〔m〕，B：基礎の荷重面の最小幅〔m〕である。

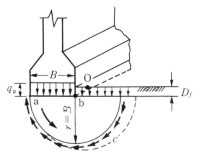

図4.17　基礎の転倒による破壊

よって $D_f=0$ のときの極限支持力は，$6.28\,c$〔kN/m²〕となる。しかし，最も危険なすべり破壊円の中心は b より外側の O にあるとしたウィルソン（Wilson）はつぎの式で極限支持力 q_u〔kN/m²〕を与えている。

$$q_u = 5.52c\left(1+0.377\frac{D_f}{B}\right) \tag{4.15}$$

4.4 深い基礎工法

深い基礎は既製杭基礎，場所打ち杭基礎，深礎，ケーソン基礎などであり，荷重を深い支持層に伝達する場合に用いる。

4.4.1 既製杭基礎

〔**1**〕 **種類と特徴** **既製杭**（precast pile）**基礎**は，工場生産された鋼製やコンクリート製の既製杭を地盤の中に埋め込み，構造物を支持するものである。上部荷重を支える機構により支持杭と摩擦杭に分けられる。**支持杭**（bearing pile）は，軟弱層を貫いて堅固な支持層に荷重を伝達させる杭をいい，一方，**摩擦杭**（friction pile）は，支持層が深いときに杭の周面摩擦により荷重を支持する杭をいう。

既製杭工法は，つぎの特徴がある。

① 支持層が深い場合に有利である。

② 杭の品質が良く，施工速度が速い。

③ 施工時の騒音，振動および所要作業空間が大きい。

④ 製造，運搬，施工の面から杭の直径，長さ，重量に制限があり，支持層の深さに変動がある場合に杭長の調節が困難なことがある。

⑤ ほかの基礎工法に比べて剛性が低く，特に水平力に対する変位が大きい。

⑥ 支持できる荷重は一般に小さい。

〔**2**〕 **材 質** 既製杭の材質は，鉄筋コンクリート（RC）杭，プレストレストコンクリート（PC）杭，鋼杭，木杭などが用いられる。

1） **鉄筋コンクリート杭，プレストレストコンクリート杭** 鉄筋コンクリート杭は腐食の恐れがなく，安価で供給も安定していることから最も多く使用されている。しかし，長尺ものは継ぎ手が弱点になりやすく，また，N 値30 以上の固い地盤での打設は困難で，杭頭のひび割れや杭体の破損に注意する必要がある。

軸方向のプレストレスを与えてひび割れの発生を防止した PC 杭は，曲げ応力に対する抵抗を高めたものである。

2）　鋼　　杭　　鋼杭は H 型鋼，I 型鋼や鋼管が用いられる。安定した品質で高強度のために大きな支持力が得られ，特に，曲げ強さと引張強さが大きいことから水平力に対する抵抗が大きい。また，打設の際，中間層に砂礫層があっても打抜きが可能で，切断，継ぎ足しや杭頭処理などの加工が容易であることから，支持層深さの変動に対応できる長所がある。しかし，腐食が進行する環境では杭断面の減少に注意が必要である。

3）　木　　杭　　松や杉などの丸太が木杭として使用される。見た目にやさしく，感触が良いことから自然堤防や公園など，人とのかかわりが多いところに用いられる。しかし，材質が不均質で強度も小さく，長尺ものが得られないことと継ぎ足しが困難なことから，調達が容易な場合を除いて使用は限定される。

〔3〕　施 工 方 法

1）　打 撃 工 法　　打撃工法は，既製杭の頭部をハンマーで打撃することにより杭体を地中に打ち込む工法である。代表的な打撃方法はつぎの3種類である。

1）ドロップハンマー工法　　最も簡単な構造で古くから用いられている方法であり，代表的なものに**図 4.18** に示す真矢打ち工法と二本構打ち工法がある。もんけんと呼ぶ重錘をウィンチで巻き上げ，杭の頭部へ自由落下させて杭を打つ。いずれも取り扱いやすいが打込み能力は低く，大きな杭の施工は困難である。

2）ディーゼルハンマー工法　　ディーゼルエンジンの構造と同じディーゼルハンマーを杭頭にセットし，**図 4.19** のように軽油の燃焼による爆発力とラムの反発力を利用して杭を打ち込む工法である。電源が不要であり，貫入抵抗の増加とともに打撃力が増加し，迅速で安価に施工できることから多く用いられている。しかし，斜め杭の打設は困難であり，大きな振動と騒音，および排ガスなどの問題があり，市街地での施工は難しい。

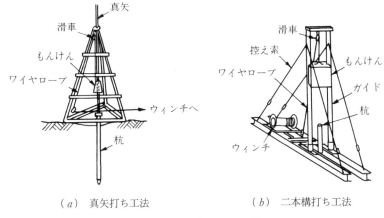

（a）真矢打ち工法 　　　　（b）二本構打ち工法

図 4.18 ドロップハンマー工法

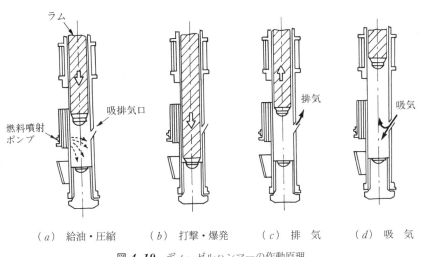

（a）給油・圧縮 　（b）打撃・爆発 　（c）排 気 　（d）吸 気

図 4.19 ディーゼルハンマーの作動原理

3) スチームハンマー工法，エアーハンマー工法　蒸気や圧縮空気を動力源としてハンマーを動かし，杭を地中に打ち込む工法である。ハンマーを持ち上げる方向のみに動力を与える単動式と，落下工程にも動力を利用する複動式があり，複動式は斜め杭の打設や杭の引抜きにも使用できる。しかし，最近は機構の複雑さからあまり用いられない。

2)　振 動 工 法　図 4.20 に示すバイブロハンマー（vibro hammer）の

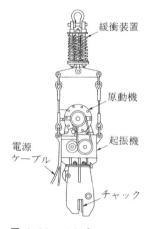

図 **4.20** バイブロハンマー

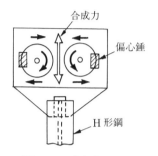

図 **4.21** 起振機の原理

振動により杭を打設する工法である。その原理は，**図 4.21** に示すような偏心錘を付けた二軸を逆方向に高速回転すると，水平方向の力は打ち消し合い，上下方向のみの振動が生じる。これにより，地盤と杭との周面摩擦を断ち切って杭の打設，引抜きが可能となる。砂質や礫質地盤に適用でき，杭頭に損傷を与えず，迅速に施工できる長所がある。しかし，大容量の電源が必要なこと，および地盤の振動が大きいために周辺環境への配慮が必要である。

3）　圧 入 工 法　　油圧ジャッキや水圧ジャッキなどを用いて，静的に杭を地中に圧入する工法である。無振動・無騒音のために市街地でも施工が可能であり，杭頭の損傷も少ない。しかし，杭を貫入させる荷重以上の反力（機械重量など）を必要とするため，施工箇所のトラフィカビリティーや支持力に注意が必要である。

4）　ジェット工法　　杭先端のウォータージェットにより地盤の貫入抵抗を減少させて杭を埋め込む工法である。砂質地盤に用いられ，無騒音・無振動で迅速な施工が可能である反面，排水処理が必要となる。一般に，ほかの圧入や打撃工法の補助として用いられる。

5）　プレボーリング工法　　あらかじめオーガーなどにより地盤を削孔しておき，その中に杭を挿入する工法である。周辺地盤を緩めることから，杭先

端部を生コンクリートなどで根固めしたり，杭を建て込んだ後に打撃したりして支持力を増強する。

6）中掘り工法 中空で先端が開放された杭の中にスクリューオーガーなどを挿入し，先端の土を掘削しながら杭を地盤内へ打撃あるいは圧入する工法である。騒音や振動は少ないが，支持力も小さいため，プレボーリング工法と同様，支持層に打ち込むか，コンクリートなどを杭の先端に打設する。

4.4.2 場所打ち杭基礎

場所打ち杭（cast-in-place pile）**基礎**は，現場で杭形と同じ直径・長さの削孔をし，その中にコンクリート，鉄筋や形鋼などの材料を挿入して杭を形成する工法である。

既製杭工法に比べてつぎの特徴がある。

① 打撃工法に比べて施工時の騒音，振動が少ない。

② 既製杭より大きな径・長さの杭を施工でき，大きな支持力が得られる。

③ 支持層の深さにより杭の長さを自由に調節でき，材料の無駄がない。

④ 材料は市販の鉄筋やコンクリートなどで入手や運搬の問題がない。

⑤ ほとんどの地盤で施工が可能である。

⑥ 支持層の確認が確実である。

⑦ 打撃工法に比べ，地盤を緩める傾向が強く，施工速度が遅い。

⑧ 水中コンクリートの打設方法など，施工の巧拙が支持力に大きく影響する。

⑨ 中間に玉石層，被圧水，流動地下水などがあると施工が困難である。

〔**1**〕 **ベノト工法** 図 **4.22** に示す**ベノト**（benoto boring）**工法**は杭と同じ長さのケーシングチューブを地中へ圧入しながら内部の土砂をハンマーグラブで掘削し，所定の深さに到達した後に鉄筋かごを建て込み，コンクリートを打設しながらケーシングを引き抜き，杭を完成させる。1954 年にフランスのベノト社から日本に導入されたもので，孔壁崩壊の防止のために杭と同じ長さのケーシングチューブを使うことから，別名オールケーシング工法とも呼ば

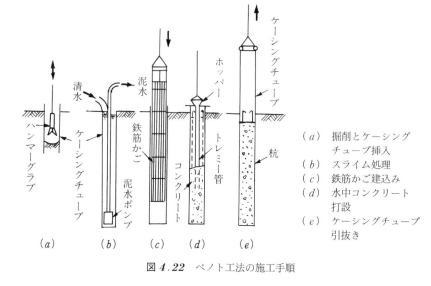

（a）掘削とケーシング
　　　チューブ挿入
（b）スライム処理
（c）鉄筋かご建込み
（d）水中コンクリート
　　　打設
（e）ケーシングチューブ
　　　引抜き

図4.22　ベノト工法の施工手順

れる。

　図4.23に示すハンマーグラブは土質の種類に応じて使い分け，正確な杭径の削孔が可能である。掘削が終了すると，ケーシング内の泥水を清水で置き換える**スライム処理**（slime treatment）を行う。これは水中掘削で生じた沈泥や浮泥を除去する作業であり，これが不完全だと打設したコンクリートの強度が発現せず，杭の支持力低下の原因となる。

　水中コンクリートの打設は，**トレミー**（tremie）**工法**を用いる。長さ1〜2

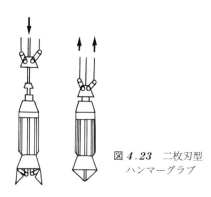

図4.23　二枚刃型
　　　ハンマーグラブ

m，内径 20 cm 程度の中空パイプを繋いで孔底まで下ろし，空気や水を巻き込まないようにコンクリートを連続投入し，孔底から徐々に仕上げ面まで打ち上げる。

コンクリートの打上がりに応じてトレミー管を短縮するが，トレミー管の最下端は，つねにコンクリート表面から離れないことが大切である。また，ケーシングチューブもコンクリートの打上がりに応じて引き抜かないと埋め殺すことになる。本工法は直径 2 m，長さ 50 m 程度以下の杭に用いられる。

〔**2**〕 **アースドリル工法**　　**アースドリル**（earth drill）**工法**は**図 4.24** に示す円筒形のバケットを回転して削孔し，鉄筋やコンクリートを挿入して杭を成形する工法である。1960 年にアメリカのカルウェルド社から導入されたもので，別名カルウェルド工法と呼ばれる。アースドリル工法の施工順序を**図 4.25** に示す。

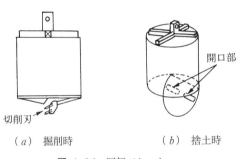

（*a*）　掘削時　　　　　　（*b*）　捨土時

図 4.24　回転バケット

回転バケットは，掘削土砂で一杯になるたびに地上に引き上げて排出するため，地表面の孔壁は短いケーシングチューブで保護する。ケーシングチューブ以深は土質に応じて素掘りか，ベントナイト安定液を用いて孔壁表面に付着するマッドケーキにより孔壁の崩壊を防止する。掘削完了後はスライム処理と鉄筋かご建込みを行い，トレミー工法によりコンクリート打設を行う。

本工法は，杭長が短い場合は施工能率が良く，工費も安価である。また，支持力を高めた拡底杭も施工できる。しかし，地盤を緩める可能性が高く，杭長が長くなると回転バケットの上下のために施工能率は低下する。また，掘削時

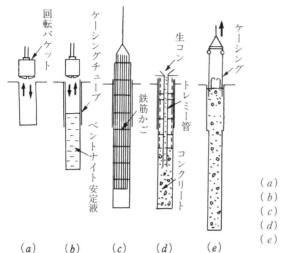

（*a*）　素掘り
（*b*）　水中掘削
（*c*）　鉄筋かご建込み
（*d*）　水中コンクリート打設
（*e*）　ケーシングチューブ引抜き

図 4.25　アースドリル工法の施工順序

に安定液を使用する場合，透水係数の大きな層があると，安定液の逸水により孔壁が崩壊する危険があるために注意が必要である。

　施工能力は回転バケットの掘削抵抗の大きさにより決まるが，直径 1.2 m，長さ 30 m 程度以下の杭に用いられる。

　〔**3**〕　**リバースサーキュレーションドリル工法**　**図 4.26** に示す**リバースサーキュレーションドリル**（reverse circulation drill：RCD）**工法**は中空ロッドの先端に装着した特殊ビットの回転により杭孔を水中掘削し，土砂は水と一緒にロッド内を通して排出する。地上で土砂を分離した泥水は再び孔内に戻して掘削に用いる。掘削の完了後は鉄筋かごを建て込み，水中コンクリートを打設して杭体を形成する。1962 年にドイツから導入された工法であり，ボーリング時の循環水と逆方向の流れで掘削することから，別名，リバース工法や逆循環工法と呼ばれている。

　孔壁の崩壊防止は，孔内水位を地下水位より約 2 m 高くした静水圧で行い，地表面付近はスタンドパイプを使用する。連続的に掘削し，場所打ち杭工法のなかで最も大きな杭が可能で，直径 6.0 m，長さ 650 m の実績がある。しかし，循環水と掘削土砂を分離する施設が必要であり，また，掘削土砂の中にロ

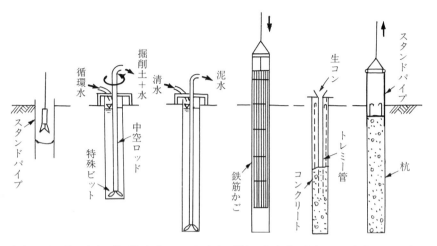

(*a*) スタンドパ (*b*) 掘 削 (*c*) スライ (*d*) 鉄筋かご (*e*) 水中コンク (*f*) スタンドパ
イプ建込み   ム処理   建込み   リート打設   イプ引抜き

図 4.26 リバースサーキュレーションドリル工法の施工順序

ッド内径の 3/4 以上のものがあると，ほかの方法で引き上げなければならない。

〔**4**〕 **深 礎 工 法** **図 4.27** に示す**深礎**（caisson type pile）**工法**は円形断面の杭を人力または機械によって掘削する工法である。自立する 1 リンク高さの地山掘削と，波板鋼板（なまこ板）と補強リングによる山留めを繰り返し

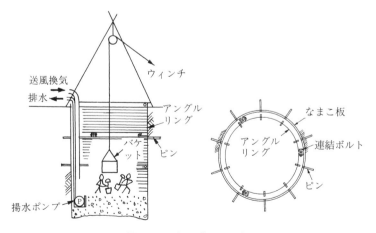

図 4.27 深 礎 工 法

ながら削孔する。そして，孔内で鉄筋を組み，コンクリートを打設して杭体を成形する場所打ち杭工法の一つである。

　本工法は特別な設備が不要であり，どのような地盤でも施工は可能である。特に，騒音や振動などの問題がなく，杭底部の拡大や，断面内に障害物が出てきた場合の処理が容易などの特徴がある。しかし，人が掘削底で作業するため，酸欠空気，有害ガスや湧水などに対する安全の確保が重要である。

4.4.3　ケーソン基礎

　ケーソン基礎は，鉄筋コンクリートや鋼で作った函体または筒状の基礎で，特に支持荷重が大きく，剛性の高い基礎が必要な橋梁の基礎や港湾構造物などに用いられる。地上で製作したケーソン内部の土砂を掘削・排除して沈下させ，支持層に到達したら底部コンクリート，中詰め土砂の充填，頂部コンクリートを施工して完成する。掘削方法の違いによりオープンケーソン工法とニューマチックケーソン工法に分けられる。

〔**1**〕　**オープンケーソン工法**　　図 **4.28** に示す**オープンケーソン**（open caisson）**工法**はケーソン内部をクラムシェルやハンマーグラブなどで掘削して支持層まで沈設させる工法であり，別名，井筒工法やウェル工法と呼ばれている。

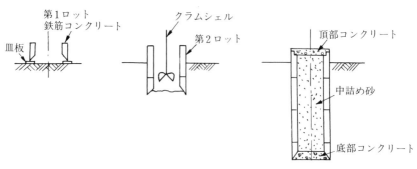

　　（a）　第1ロット　　（b）　掘削および第2ロット　　（c）　底部コンクリート，中詰め砂，
　　　　　の構築　　　　　　　　以後の構築　　　　　　　　　　　頂部コンクリートの施工

図 4.28　オープンケーソン工法の施工手順

施工方法は，まず沈下を防止する皿板の上に，円形や矩形断面のケーソン構造物を地上で構築する。皿板を取り除いて内部を掘削することによりケーソンは沈下する。第1ロットが沈下すると，その上に第2ロットを構築して沈下を継続する。ケーソンが自重のみで沈下しないときは，ケーソンの周面に潤滑液やジェット水を噴出して摩擦を軽減したり，ケーソン上部に鋼材などを載荷して沈下荷重を増やす必要があり，施工深度の限界はこれによって決まる。

本工法は設備が簡単で工費も安いが，つぎの問題がある。

① 水中掘削になるため沈下量の管理が困難で，傾斜しやすい

② 沈下の障害となる物の除去は困難である

③ 先掘りなどにより周辺地盤を緩める恐れがある

〔**2**〕 **ニューマチックケーソン工法** 図**4.29**に示す**ニューマチックケーソン**（pneumatic caisson）**工法**は，ケーソンの最下端に隔壁で密閉された作業室を設け，その中の空気圧を高めて（圧気という）地下水の浸入や沈下を

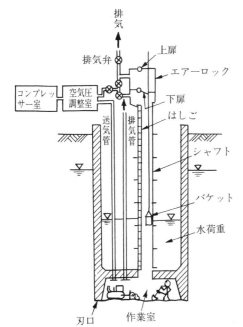

図**4.29** ニューマチック
ケーソン工法

防ぎ，支持層まで掘削して基礎とする工法であり，別名，潜函工法，空気ケーソン工法と呼ばれている。

オープンケーソン工法に比べてつぎのような特徴がある。

① 人が作業室に入って掘削するために周辺地盤の乱れが少なく，傾斜の修正や障害物の除去が容易である。

② 作業室の空気圧の調整により，沈下量が制御できる。

③ 隔壁の上に水や土砂を入れることにより，沈下荷重に不足することはない。

④ 現場での載荷試験が可能であり，支持層の確認ができる。

⑤ 作業員の安全を確保する面からも気圧の管理は大変重要であり，圧気装置や停電に備えた予備電源など，設備が複雑で高価である。

⑥ 作業室へ人や材料を出し入れするたびに圧気を調節する必要があるために手間がかかる。また，急な減圧は潜函病になる危険がある。

⑦ 作業室は火災の危険が大きい。

⑧ 圧気が付近の地下室やマンホールに漏れると，地中の細菌に酸素を奪われた酸欠空気の問題が発生する。

⑨ 空気圧の変動により地中の空気や水が移動し，**パイピング**（piping）の原因となる。

また，人が作業できる圧気の限界は3.5気圧であることから，施工深度の限界は約35mである。そこで，近年では大気圧の室から掘削機械を遠隔操作する施工法が開発されている。

4.4.4　深い基礎の支持力

深い地盤へ支持力を伝達する既製杭，場所打ち杭，ケーソン基礎，および深礎などの基礎の支持力公式はつぎのとおりである。

〔**1**〕　**静力学的支持力公式**　　静力学的支持力公式は，地盤と杭との関係から極限支持力 R_u〔kN〕を求めるものである。

1）　**テルツァギーの支持力公式**　　テルツァギーは杭の支持力を先端抵抗

と周面摩擦の和として求めている。

$$R_u = q_u A_p + U l f_s \qquad (4.16)$$

ここで，A_p：杭先端の断面積〔m²〕，q_u：杭先端の極限支持力（式（4.10）によって求めた値）〔kN/m²〕，U：杭の周長〔m〕，l：杭の地中部分の長さ〔m〕，f_s：杭の周面摩擦力〔kN/m²〕である。杭の最大周面摩擦力，および土質による摩擦力の概略値について**表4.3**，**表4.4**に示す。

2） マイヤーホフの支持力公式　マイヤーホフは杭の支持力を標準貫入試験の結果より次式で求めている。

表4.3 杭の最大周面摩擦力（単位：〔kN/m²〕）〔道路橋示方書（I共通編，IV下部構造編）・同解説，p.283，日本道路協会（1994）〕

施工方法 地盤の種類	打撃杭工法	場所打ち杭工法	中掘り杭工法
砂　質　土	$1.96\,N$ (≤98.1)	$4.90\,N$ (≤196)	$0.981\,N$ (≤49.0)
粘　性　土	c または $9.81\,N$ (≤147)	c または $9.81\,N$ (≤147)	$0.5\,c$ または $4.90\,N$ (≤98.1)

〔注〕　c：地盤の粘着力〔kN/m²〕，N：標準貫入試験の N 値
　　　　$N \leq 2$ の軟弱層は周面摩擦力を考慮してはならない

表4.4 土質による摩擦力の概略値
〔Chellis, R.D.: Pile Foundations 2nd.
Ed, McGraw-Hill（1961）〕

	土　　質	f〔kN/m²〕
細粒土	浮　　泥	12.0 ± 10
	シ　ル　ト	15.0 ± 10
	軟　粘　土	20.0 ± 10
	シルト質粘土	30.0 ± 10
	砂　質　粘　土	30.0 ± 10
	中　粘　土	35.0 ± 10
	砂　質　シルト	40.0 ± 10
	硬い砂質粘土	45.0 ± 10
	密なシルト質粘土	60.0 ± 15
	硬く締まった粘土	75.0 ± 20
粗粒土	シルト質砂	30.0 ± 10
	砂	60.0 ± 25
	砂および砂礫	100.0 ± 50
	礫	125.0 ± 50

$$R_u = \left(40NA_p + \frac{1}{5}\,\overline{N_s}A_s + \frac{1}{2}\,\overline{N_c}A_c\right) \times 9.81 \tag{4.17}$$

ここで，N：杭先端地盤の N 値，A_p：杭先端の断面積〔m²〕，$\overline{N_s}$：砂質地盤の平均 N 値，A_s：砂質部分の杭の周面積〔m²〕，$\overline{N_c}$：粘性土部分の平均 N 値，A_c：粘性土部分の杭の周面積〔m²〕である。

〔**2**〕　**動力学的支持力公式**　　動力学的支持力公式は，杭の施工時の打設エネルギーと貫入量から極限支持力 R_u〔kN〕を求めるものである。精度は劣るが，簡単で最も広く用いられているものにハイリー（Hiley）公式が砂質地盤に適用されている。

$$R_u = \frac{e_f W_H h}{s + \dfrac{1}{2}(C_1 + C_2 + C_3)} \cdot \frac{W_H + e^2 W_P}{W_H + W_P} \tag{4.18}$$

ここで，e_f：ハンマーの効率（ドロップハンマーは 0.75〜1.0，蒸気ハンマー

━━┤　コーヒーブレイク　├━━

お化け丁場

　「お化け」は科学的に証明できるかどうかわからないが実体のないものである。土木の分野でも同じような意味で「お化け丁場」という言葉が使われている。

　構造物の築造途中や完成後，一夜にしてその構造物がなくなる現象を表現したものである。もちろん物理的になくなるのではなく，軟弱地盤上に構築した構造物の重量が地盤の極限荷重を超えたために破壊を生じ，構造物が水中や軟弱地盤中に埋没するのである。このような短時間の破壊は，**図 4**（*a*）に示すような円弧のすべり面に沿ってすべることが原因である。このような現象を防止するには，土質試験により軟弱地盤の許容応力を知り，上載荷重による地盤応力がその値以下になるように注意する必要がある。

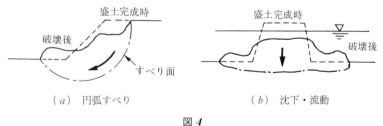

（*a*）　円弧すべり　　　　　（*b*）　沈下・流動

図 4

は 0.75～0.85，ディーゼルハンマーは 1.0），W_H：ハンマーの重量〔kN〕，h：ハンマーの落下高さ〔cm〕，s：ハンマー 1 打撃当りの最終貫入量〔cm〕，C_1：杭の弾性圧縮量〔cm〕，C_2：地盤の弾性圧縮量（硬い地盤は 0 cm，弾性的地盤は 0.5 cm），C_3：キャップおよび杭頭の弾性圧縮量（0～1.2 cm），e：杭の反発係数（コンクリート杭は 0.25，鋼杭は 0.40～0.55），W_P：杭の重量〔kN〕である。

また，「建築基礎構造設計規準」では次式が用いられている。

$$R_u = \frac{e_f E_c}{s + \dfrac{K}{2}} \tag{4.19}$$

ここで，e_f：ハンマーの効率（0.5～0.6），E_c：ハンマーの打撃エネルギー〔kN・cm〕でドロップハンマー・単動蒸気ハンマーは $W_H h$，ディーゼルハンマーは $2W_H h$，複動蒸気ハンマーは $(a_p p + W_H)h$（a_p：圧力シリンダーの断面積〔cm²〕，p：蒸気圧または空気圧〔kN/cm²〕），s：ハンマー 1 打撃当りの最終貫入量〔cm〕，K：リバウンド量〔cm〕である。

4.5 地中連続壁工法

地中連続壁（diaphragm wall）**工法**は，施工空間を確保するために地中に剛性の高い厚さ 40～120 cm の鉄筋コンクリートなどの連続した壁を作るものである。壁体の構造により柱列式，壁体式，およびそれらを組み合わせた複合式に分けられる。

柱列式地中連続壁は連続した柱で壁体を形成するものである。かくはん翼で現地の土砂と注入したセメントミルクを混合して杭体を成形する **MIP**（mixed in place）**工法**，オーガーで削孔後，引き上げる際に排除する土砂と同量のセメントモルタルを注入し，できたモルタル柱の中に鉄筋かごや形鋼を挿入する**図 *4.30*** に示す **PIP**（pact in place）**工法**などの置換工法が多く用いられる。これらの柱列式工法は柱と柱の接合が不完全で，止水性や強度不足が問題となる場合がある。

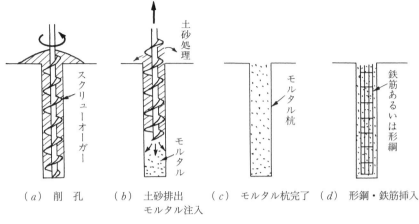

（*a*） 削 孔 （*b*） 土砂排出 （*c*） モルタル杭完了 （*d*） 形鋼・鉄筋挿入
　　　　　　　　　モルタル注入

図 *4.30* PIP 工法の施工手順

　壁体式地中連続壁は，孔壁の崩壊を防止するためにベントナイトを主成分とする安定液を用いて掘削し，鉄筋を建て込んだ後，水中コンクリートを打設して構築する。あるいは工場で製作したプレキャストコンクリート製品を形鋼などを継ぎ手として接合して鉄筋コンクリート壁材を成形する。これらの作業は水中施工になるため，掘削中の逸水や地下水の流入などによる孔壁の崩壊，および周辺地山の緩みや沈下に注意する必要がある。また，安定液の管理や廃液の処理・処分方法が問題である。

　施工中の騒音や振動が少なく，止水性が高くて大きな土圧に対抗でき，既設構造物に対する影響が小さいため，鉄道の近接や市街地などの沈下が許されない工事に採用される。また，この壁を基礎や本体構造壁として用いる工法を地中連続壁基礎工法と呼び，橋梁の基礎や地下鉄の構築などに用いられる。

4.6 地盤改良工法

4.6.1 概　　　説

　粘土やシルトなどの高含水比で細粒分の多い地盤や緩く堆積した砂地盤は，強度不足から地すべり，崩壊，沈下や液状化の危険があり，一般に軟弱地盤と

呼ばれる。しかし，地盤改良が必要という意味での軟弱地盤は，その地盤がどのような構造物にかかわるかによって異なる。すなわち，それぞれの構造物がその機能を果たすための強度や沈下量などの要求条件を地盤が満足していない場合，その地盤を軟弱地盤といい，その基準は構造物の種類，規模，周辺環境および重要度によって異なる。そして，その地盤を構造物が要求する性質に改善する方法を**地盤改良**（soil improvement）**工法**という。

　地盤の性質は，その成因や形成された年代などを起源とする地形的要因の影響が大きく，**1**章で述べた沖積地盤や三角州などは軟弱地盤の代表的な地形である。

　現在，種々の地盤改良が行われているが，地盤改良のおもな目的はつぎのとおりである。

① せん断強度を高め，大きな支持力，安定性やトラフィカビリティーを得る。

② 空隙を減少して沈下量を低減し，特に不同沈下をなくす。

③ 透水係数を制御し，土圧の軽減やボイリングを防止する。

　これらの目的を達成するための地盤改良工法の分類は**図4.31**であり，それらの改良原理はつぎのとおりである。

① 良質の材料に変える：置換工法，石灰安定処理工法

② 土粒子間の距離を小さくする：載荷重工法，ドレーン工法，締固め工法

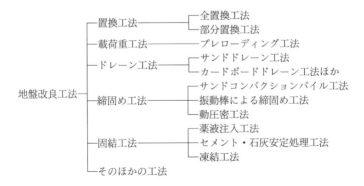

図4.31 地盤改良工法の分類

③　土粒子相互を結合する：固結工法

④　土以外の材料により補強，安定化する：補強土工法（鋼棒，ジオテキスタイルなど），軽量盛土工法（発泡スチロール，発泡セメントなど）

近年，有機塩素系溶剤や重金属などの汚染地盤の浄化・固化処理や，廃棄物で埋立てた地盤の有効利用など，地盤改良工法は環境保全や環境問題の解決にも利用されている[4]。

4.6.2　置　換　工　法

置換（replacement）**工法**は，不良な軟弱地盤を良質な地盤材料に置き換える工法であり，置き換える地盤の範囲の違いにより，**図4.32**に示す全置換工法と部分置換工法に大別できる。

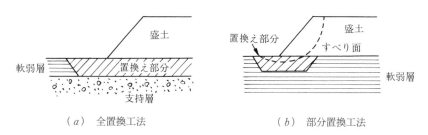

（a）　全置換工法　　　　　　　　（b）　部分置換工法

図4.32　置　換　工　法

全置換工法は，軟弱地盤の層厚が2〜3m程度の薄い場合で，軟弱土のすべてを良質土に置き換える工法であり，沈下が許されないなど構造物が要求する条件の厳しいときに用いられる。一方，部分置換工法は軟弱地盤層が厚い場合に表層の一部を良質土に置き換える工法であり，すべり破壊の防止や沈下量低減の目的で用いられる。

置換工法は，地盤材料の置換えと同時に改良効果が得られる利点はあるが，大量の土砂の移動を伴うため，その採取や施工法，および軟弱土の処分には防災・環境面からの注意が必要である。

4.6.3　載荷重工法

構造物の築造により軟弱地盤の破壊や沈下が予測される場合に，あらかじめ盛土やそのほかの方法で載荷して地盤を改質し，構造物築造後の地盤の破壊を防ぎ，沈下量を低減する工法を**載荷重**（surcharge）**工法**といい，**プレローディング**（pre-loading：事前圧密）**工法**が多く用いられる。

プレローディング工法は，建設する構造物に見合う荷重をあらかじめ盛土によって載荷し，**図 4.33** に示すように軟弱地盤の圧密沈下の大部分が終了した後に構造物を築造する工法である。軟弱層の厚さや間隙比の異なる複雑な地層構造にも適用でき，構造物築造後の沈下量をほとんどゼロにすることができる。しかし，一度に大きな載荷をすると軟弱地盤が破壊するため，圧密による地盤の強度増加を確かめながら盛土を数回に分けて施工する必要がある。そのため，施工期間に余裕があり，現場近くで大量の土を確保できることが本工法を選択する条件である。

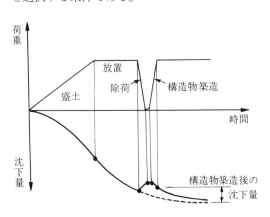

図 4.33 プレローディング工法
の荷重と沈下量の関係

4.6.4　ドレーン工法

ドレーン（drain）**工法**は，粘土地盤中に多くのドレーン（排水路）を設置し，排水距離を減少して圧密を促進し，粘土地盤の改質を図るものである。ドレーン材料には砂，紙や合成樹脂が広く用いられている。一般に，圧密を促進させるために載荷重工法を併用する場合が多い。

〔**1**〕　**サンドドレーン工法**　図 **4.34** に示す**サンドドレーン**（sand drain）**工法**は，ドレーンに透水性の良い砂柱を用いるもので，最も多くの施工実績がある。ドレーン施工機械の進入路として，粘土地盤の表面に約 50 cm 厚のサンドマットを敷きならし，直径 30〜50 cm の砂杭を 1.5〜3.0 m 間隔の三角形（千鳥形）配置または正方形配置で打設する。排水時，サンドマットはドレーンを上昇してきた水を水平方向に導く路となる。サンドドレーン工法の施工順序を図 **4.35** に示す。

　粘土地盤にドレーンを設置すると，圧密に要する時間はつぎの式で計算でき

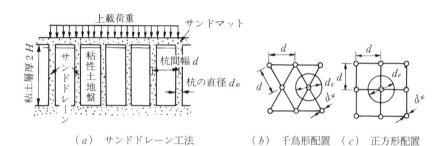

（ *a* ）　サンドドレーン工法　　　（ *b* ）　千鳥形配置　（ *c* ）　正方形配置

図 **4.34**　サンドドレーン工法

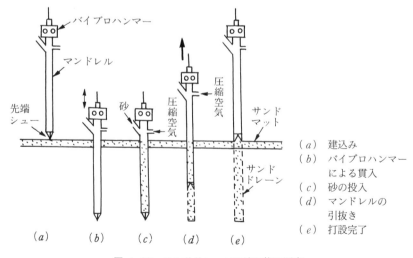

（ *a* ）　建込み
（ *b* ）　バイブロハンマー
　　　による貫入
（ *c* ）　砂の投入
（ *d* ）　マンドレルの
　　　引抜き
（ *e* ）　打設完了

図 **4.35**　サンドドレーン工法の施工順序

る。

$$t = \frac{T_v H^2}{C_v} \qquad (4.20)$$

ここで，t：S_t〔cm〕だけ沈下するのに要する時間〔min〕，T_v：時間係数で，圧密度 U〔%〕（＝$S_t/S_c \times 100$）によって決まる係数，S_c：最終沈下量〔cm〕，H：最大排水長〔cm〕，C_v：圧密係数〔cm²/min〕である。圧密度と時間係数の関係を**表4.5**に示す。

表4.5 圧密度と時間係数の関係

T_v	U〔%〕	T_v	U〔%〕
0.006	8.7	0.15	43.7
0.008	10.1	0.2	50.4
0.010	11.3	0.3	61.3
0.015	13.8	0.4	69.8
0.02	16.0	0.5	76.4
0.03	19.5	0.6	81.6
0.04	22.6	0.8	88.7
0.06	27.6	1.0	93.1
0.08	31.9	1.5	98.0
0.10	35.7	2.0	99.4

したがって，圧密に要する時間は排水距離の2乗に比例するため，ドレーンを設置すると地盤が安定するまでの時間は大幅に短縮される。打設したサンドドレーンが長期にわたって排水効果を持続するには，ドレーン砂が目詰まりを起こさないことと，圧密の進行に伴う地盤の変形によりドレーンが切断されないことが必要である。

サンドドレーンの一つである袋詰サンドドレーンは，直径約12 cm の透水性の袋に砂を詰めたもので，砂の使用量が少なく，ドレーンが切断されない利点がある。

〔2〕 **カードボードドレーン工法，プラスチックボードドレーン工法** カードボードドレーン（card-board drain）**工法**，**プラスチックボードドレーン**（plastic-board drain）**工法**はドレーン材として，断面が厚さ約3 mm，幅約10 cm のカードボードやプラスチックボードを打設するもので，直径5 cm の

サンドドレーンと同様の排水効果を持つ。

近年，大量の良質な砂の入手が困難なことから，これらの工法は工場生産の均質なドレーン材が得られ，① 圧密進行中に切断の恐れがない，② 約 50 cm の密な間隔の打設が可能であり，圧密促進効果が大きい，③ 施工速度が速いなど多くの利点がある。

4.6.5　締 固 め 工 法

締固め工法は，緩く堆積した地盤を締め固めて強固な地盤を造成するものであり，締め固める地盤の深さにより，表面締固め工法と内部締固め工法に分けられる。

表面締固め工法は，薄層まき出しによる盛土や路床・路盤の締固めなどであり，地表面下約 50 cm までの厚さの材料をロードローラーやランマーなどの機械で締め固める方法である。

一方，内部締固め工法は，地盤の深部を振動や衝撃により締め固めるもので，代表的なものにサンドコンパクションパイル工法，振動棒による締固め工法，および動圧密工法などがある。

締固め工法はいずれも改良効果が確実で，工期が短い特徴がある。

〔1〕 サンドコンパクションパイル工法　図 4.36 に示すサンドコンパクションパイル（sand compaction pile）工法は，バイブロハンマーの振動とケーシングパイプの上下動により，軟弱地盤中に大口径で密度の高い砂杭を成形するものである。緩い砂地盤をはじめ，有機質地盤や粘性土地盤などの種々の地盤に適用できる。

緩い砂地盤では，周辺の地盤全体を締め固めるとともに，硬く締まった砂杭を形成してせん断強度を高め，地震時の液状化の防止や水平抵抗の増加が期待できる。一方，粘性土地盤では，砂の強制圧入による軟弱地盤の強度増加，砂杭が排水路となり圧密の促進，沈下量の低減，振動に対する変形量の減少などの効果がある。そして，砂杭との複合地盤としての支持力の増加が期待できる。

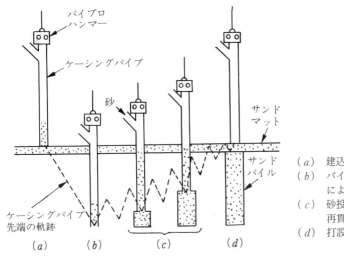

（a）建込み
（b）バイブロハンマー
による貫入
（c）砂投入，引抜きと
再貫入の繰返し
（d）打設完了

図4.36 サンドコンパクションパイル工法の施工手順

〔2〕 **振動棒による締固め工法**　棒状振動体を緩い砂地盤に貫入させて密度を高め，支持力を増加させる工法である。地盤に貫入させる振動体の振動方向，および水や空気の供給の有無により種々のものが開発されている。

ロッドコンパクション（rod compaction）**工法**は，振動によりH形鋼や棒

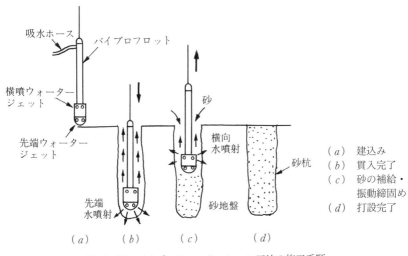

（a）建込み
（b）貫入完了
（c）砂の補給・
振動締固め
（d）打設完了

図4.37　バイブロフローテーション工法の施工手順

状のロッドを所定の地盤の深さまで貫入し，砂・砕石などを地表面から供給しながらロッドを上下して地盤を締め固めるものである。

図 4.37 に示す**バイブロフローテーション**（vibrofloatation）**工法**は，水平振動と先端からのジェット水によりバイブロフロットと呼ばれる棒状振動体を地盤に貫入し，地表面から砂を供給しながら，振動と横噴きジェット水による水締め効果により地盤を締め固める。

これらの工法は，いずれも適用深度が 15 m 程度であり，緩い砂地盤を均質に締め固め，せん断強度・支持力の増強，圧縮沈下の低減，および地震時の液状化防止の効果が期待できる。しかし，締固め効果は細粒分含有率の影響が大きく，細粒分が 20 % 以上の地盤は改良効果が少ない。

〔**3**〕　**動圧密工法**　　**動圧密**（dynamic consolidation）**工法**は，クレーンを用いて 10〜30 m の高さから重量 100〜500 kN 程度の鋼またはコンクリート製の重錘を繰り返し落下させ，衝撃と振動により地盤を締め固める工法である。粗粒材の破砕から比較的深部までの締固めが可能であり，岩砕や廃棄物処分地の締固めに適用される。しかし，振動が大きいため現場周辺への配慮が必要である。

4.6.6　薬液注入工法

薬液注入（chemical grouting）**工法**は，地盤の間隙やクラックに固結性の薬液を圧入し，地盤の強度増加，止水性の向上，空洞への充塡を図る工法である。主材と助材の 2 種類の薬液の混合形態，および注入材が流動性を失うまでの時間（ゲルタイム）によりつぎの 3 種類に分けられる。これらを**図 4.38**に示す。

1）1 ショット方式　　事前に主材と助材をミキサで混合した後，1 液の状態で注入する方式であり，ゲルタイムが数十分の緩結性薬液を用いる。

2）1.5 ショット方式　　主材と助材を別々に注入管先端まで送り，そこで管内混合して注入する方式であり，数分のゲルタイムの薬液を用いる。

3）2 ショット方式　　主材と助材を別々に注入管先端まで送り，出口付近

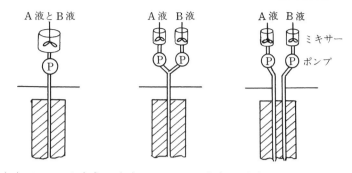

（a）1 ショット方式　（b）1.5 ショット方式　（c）2 ショット方式

図 4.38　薬液注入工法の種類

で混合して注入する方式であり，ゲルタイムが数秒の急結性薬液を用いる。

　注入形態は浸透注入と割裂注入の 2 種類に大別できる。浸透注入は，地盤の土粒子がたがいの位置を変えずに薬液が土粒子間隙を満たすもので，浸透性の良い砂質土地盤に適用される。一方，割裂注入は，注入圧により地盤に割れ目が生じて薬液が脈状に圧入されるもので，浸透性の小さな粘性土地盤で行われる。

　薬液注入工法を行う際は，河川や地下水の流況や利用状況を調査し，注入範囲やゲルタイムを検討し，さらに施工の前後にはモニタリングを行って周辺環境の汚染が生じないように注意する必要がある。

4.6.7　セメント・石灰安定処理工法

　セメントや石灰などの固化材を，軟弱土と混合することにより土粒子間を固結し，一体化した強固な地盤を形成する工法である。改良深度の違いにより浅層混合工法と深層混合工法の二つに分けられる。

〔1〕　**浅層混合工法**　　浅層混合（shallow mixing）**工法**は，軟弱地盤の改良深度が地表面下 3 m 程度までのものであり，固化材を地表面に散布し，ローターを装着したスタビライザーやバックホーで混合し，締め固めて成形する。固化材にはセメントや石灰が多く用いられる。

1）　セメント安定処理工法　　セメント安定処理（soil stabilization by cement）**工法**は，セメントの水和反応により土粒子間を固結するものである。

セメントによる改良は，短時間，安価で，確実に高強度が得られるために多用
されている。また，高含水比や有機物を多く含有した粘性土および廃棄物など
を確実に固化する目的で，セメントに石こうなどを混合したセメント系固化材
が広く用いられており，さらに，環境にやさしい中性固化材も開発されてい
る。

2）　石灰安定処理工法　　石灰安定処理（soil stabilization by lime）**工法**
の固化材には生石灰あるいは消石灰が，路床・路盤材の強度増加，トラフィカ
ビリティーの改善，へどろなどの固化を目的として用いられる。本工法はセメ
ント安定処理のような短期の高強度発現は期待できないが，生石灰は吸水・発
熱・膨張により周囲の軟弱土の含水比を低下し，過圧密状態にして強度増加を
もたらし，消石灰に変わる。また，消石灰は土とのポゾラン反応により強度増
加が長期にわたり持続する。したがって，生石灰は高含水比の有機質粘性土，
消石灰は低含水比の細粒土に対する適用が多い。

〔2〕　深層混合工法　　軟弱地盤の改良深度が地表面下 3 m 程度より深い
ものを**深層混合**（deep mixing）**工法**と呼ぶ。地盤に挿入したかくはん翼の回
転により，固化材と対象地盤を強制的に混合かくはんして地盤の強度増加，圧
縮沈下の低減，止水性の改善などを図る工法で，機械かくはん工法と高圧噴射
かくはん工法に分けられる。

1）　機械かくはん工法　　図 4.39 に示す機械かくはん工法は塊状，粉体
状あるいはスラリー状の固化材を原位置の軟弱土とかくはん翼で均一に混合し
て高強度の改良体を成形するものであり，固化材の吐出方法，ロッドの貫入・
引抜き方法，かくはん翼の形状・回転方法などにより種々の方式がある。

2）　高圧噴射かくはん工法　　図 4.40 に示す高圧噴射かくはん工法は改
良深度まで削孔し，水ジェットにより地盤を切削した後，固化材を注入する方
法，あるいはロッド先端のノズルからスラリー状の固化材を高圧噴射して切削
土と混合する方法で改良体を成形する。

本工法は，地盤の切削および固化材と切削土との混合が，固化材の噴射圧力
や方向と，ロッドの貫入・引上げ方法に依存しているため，地盤の調査や試験

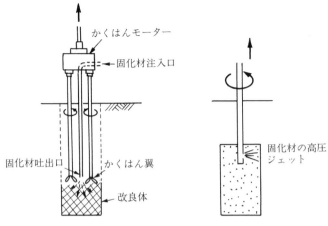

図 4.39 機械かくはん工法 **図 4.40** 高圧噴射かくはん工法

施工を行って実施方法を慎重に決める必要がある。

4.6.8 凍 結 工 法

凍結（freezing）**工法**は，掘削時に地下水の浸透を防止したり，強度を増加して地盤の安定を図るために地盤を凍結させる工法である。施工方法には，冷媒の違いにより**図 4.41** に示すブライン工法と液体窒素工法の二つがある。

〔**1**〕 **ブライン工法**　　**ブライン**（brine）**工法**は二重管を凍結範囲に配置

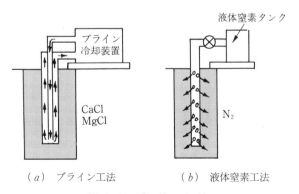

（*a*）　ブライン工法　　　　（*b*）　液体窒素工法

図 4.41 凍 結 工 法

し，−20〜−40℃ の塩化カルシウム（CaCl）や塩化マグネシウム（MgCl）の不凍液を循環させることにより周辺地盤を凍結させる工法である。

〔2〕　**液体窒素工法**　　**液体窒素**（liquid nitrogen）**工法**は，小さな孔をあけた管を凍結範囲に配置し，−196℃ の液体窒素をパイプから地中に放出して周辺地盤を凍結させる工法である。ただし，液体窒素は高価であることからあまり実績はない。

凍結工法の対象地盤は粘性土地盤であり，地下水の流れが大きいところでは適用できない。また，凍結時の地盤の膨張や融解時の軟弱化に注意する必要がある。

演　習　問　題

【1】　ヒービングとボイリングの違いを説明せよ。

【2】　問図 **4.1** のような鋼矢板の土留めをするとき，根入れ長の安定を検討せよ。ただし，上載荷重は $q=11.8 \text{ kN/m}^2$，地盤の条件は $\gamma=15.7 \text{ kN/m}^3$，$c=19.6 \text{ kN/m}^2$，$\phi=15°$ とする。

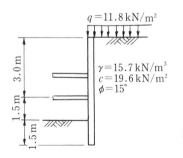

問図 **4.1**

【3】　重力，真空，電気浸透の各排水工法の適用地盤について説明せよ。

【4】　根入れ深さ 2 m，直径 5 m の円形フーチングがある。地盤の単位体積重量 16.5 kN/m³，粘着力 9.5 kN/m²，内部摩擦角 20° として，全般せん断破壊と局部せん断破壊の地盤の極限支持力を求めよ。

【5】　問図 **4.2** に示すような粘土層と砂礫層からなる地盤に，直径 400 mm，長さ 20 m の打込み杭を打設した。この杭の極限支持力を求めよ。

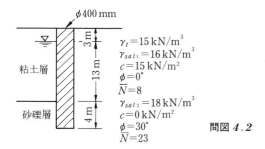

問図 **4.2**

【6】 重量 19.6 kN，落下高さ 2 m のドロップハンマーでコンクリート杭（重量 20 kN）の打設を行った。最終貫入量 1.0 cm，リバウンド量 1.0 cm であった。ハイリーの方法で極限支持力を求めよ。

【7】 ディーゼルハンマー杭打ち工法の特徴を述べよ。

5

コンクリート工

　コンクリートは，鋼材とともに建設工事における主要材料の一つであり，その品質は，材料，配合，製造および施工によって大きく左右される。

　今日では，これらのうち，材料，配合および製造については，全国に生コンクリートプラントが建設され，高品質のものが容易に入手できる体制が整備されている。しかし，施工は個々の現場で行われるものであり，コンクリート構造物の品質を最終的に決定する非常に重要な業務である。

　本章では，主としてこのコンクリートの製造と施工について学ぶ。

5.1　コンクリートの製造

5.1.1　コンクリートに要求される品質

　コンクリート標準示方書では，**コンクリート**（concrete）に要求される品質として，均質性，**ワーカビリティー**（workability），強度，耐久性，水密性，ひび割れ抵抗性，鋼材を保護する性能などが規定されている。このような要求を満足させるためには，コンクリートの材料，配合，製造および施工に対する十分な配慮が必要である。

　すなわち，材料や配合に対する十分な品質管理と，コンクリートの製造管理に万全を期すことが求められる。これらの中でも，コンクリートの均質性は特に重要であり，十分な品質管理を行ってつねに安定した品質のコンクリートが製造されるように配慮しなければならない。

5.1.2 計量および練混ぜ

〔*1*〕 **計 量** コンクリート材料は，使用する骨材の粒度や表面水量の補正を行った現場配合に基づいて，一練りの量（batch：バッチ）ごとに質量で正確に計量されなければならない。このバッチは，工事の種類，コンクリートの打込み量，練混ぜ設備，運搬の方法などにより決定される。一般に，コンクリート材料の計量設備としては，1バッチごとに計量できるバッチャーが使用されているが，安定した品質のコンクリートを製造するためには計量の精度が重要であり，コンクリート標準示方書には，**表 5.1** のように計量の許容誤差を定めている。

表 *5.1* 材料計量の許容誤差

材料の種類	水	セメント	骨　材	混和材	混和剤
許容誤差〔%〕	1	1	3	2	3

〔*2*〕 **練混ぜ** コンクリート材料は，均等質になるまで十分に練り混ぜなければならないが，これを練り混ぜるミキサーの種類は，**図 5.1** のように分類される。

図 *5.1* ミキサーの種類

バッチミキサー（batch mixer）は，一練りごとに材料を計量して練り混ぜるもので，重力式と強制練り式がある。前者は重力を利用して練り混ぜるものでこれには傾胴型ミキサーがあり，後者は混合槽内で羽根を回転させて練り混ぜるもので，パン型，水平一軸型，水平二軸型に分けられる。**図 5.2** にバッチミキサーの代表的な例を示す。

これまで，設備費，ランニングコスト，動力費などの点から重力式のミキサーが使用されることが多かったが，現在では混合性能の点から強制練り式のミ

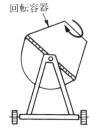

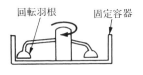
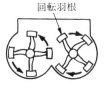

（a） 傾胴型ミキサー　　　（b） パン型ミキサー　　　（c） 水平二軸型ミキサー

図 5.2 バッチミキサーの例

キサーが使用される場合が多くなり，特に水平二軸型の適用が多くなっている。

　連続ミキサー（continuous mixer）は，材料を連続して供給しつつ練り混ぜて排出するものであり，工事開始前に必ず実際に使用する材料を用いて，計量装置や練混ぜ時間などを検査しておく必要がある。

　ミキサーに材料を投入する順序，練混ぜ時間，練混ぜ量などはミキサーによって異なるため，試験練りによって決定する。

5.1.3　レディーミクストコンクリート

　レディーミクストコンクリート（ready mixed concrete）とは，コンクリートの製造設備を持つ工場から随時に購入できるフレッシュコンクリートであり，生コンクリートともいう。現在では，レディーミクストコンクリートは品種も多く，品質も優れ，現場での練混ぜの手間を省くことができるため広く使用されている。

　〔1〕　**工場の選定**　　　良いレディーミクストコンクリートを得るためには，工場間の技術格差も認められることから，工場選定にあたっては下記の点に留意する必要がある。

　①　JIS 認定工場である。

　②　技術者が常駐している。

　③　現場までの運搬時間が適切である。

　④　コンクリートの製造，運搬能力が適切である。

〔**2**〕 **品質の指定** レディーミクストコンクリートを発注する場合には，所要の品質が得られるように，コンクリートの種類，粗骨材の最大寸法，**スランプ**（slump）および呼び強度などを指定し，**表5.2**に示す JIS A 5308-1998 のレディーミクストコンクリートの○印の中から選ぶ。ここで，呼び強度とは，コンクリート標準示方書に用いられている設計基準強度と区別するために設けられた用語で，JIS A 5308-1998 に示された品質規定で保証される強度であり，耐凍害性，化学的耐久性，水密性などを基準として水セメント比が定められている場合を除き，一般的に設計基準強度と同等と扱ってよい。

表5.2 レディーミクストコンクリートの種類

コンクリートの種類	粗骨材の最大寸法〔mm〕	スランプ〔cm〕	呼び強度								
			16	18	21	24	27	30	33	36	40
普通コンクリート	20, 25	8, 12	○	○	○	○	○	○	○	○	○
		15, 18	—	○	○	○	○	○	○	○	○
		21	—	—	○	○	○	○	○	○	—
	40	5, 8, 12, 15	○	○	○	○	○	○	○	—	—
軽量コンクリート	15, 20	8, 12, 15	—	○	○	○	○	○	○	—	—
		18, 21	—	○	○	○	○	○	○	—	—

〔**3**〕 **受入検査** レディーミクストコンクリートの購入者は，荷卸し地点で，圧縮強度，スランプ，空気量，温度，塩化物量などを検査し，それぞれつぎの条件を満足していることを確認して使用する。

1）**圧縮強度** 荷卸し地点で採取したコンクリートの材齢28日の強度は，つぎの条件を満足する。

① 1回の試験結果は，指定した呼び強度の85％以上である。

② 3回の試験結果の平均値は，指定した呼び強度以上である。

2）**スランプ** 指定したスランプに対して，**表5.3**の許容差を満足する。

3）**空気量** 指定した空気量に対して，**表5.4**の許容差を満足する。

表 5.3 スランプの許容差

指定スランプ〔cm〕	許容差〔cm〕
2.5	±1
5 および 6.5	±1.5
8 以上 18 以下	±2.5
21	±1.5

表 5.4 空気量の許容差

コンクリートの種類	空気量〔%〕	許容差〔%〕
普通コンクリート	4.5	
軽量コンクリート	5.0	±1.5
舗装コンクリート	4.5	

4） 温　　度　　打設コンクリートの温度は，寒中コンクリートでは 10 °C 以上，暑中コンクリートでは 35 °C 以下でなければならない。

5） 塩 化 物 量　　塩化物量は総塩素イオン量として，0.30 kg/m³ 以下でなければならない。ただし，購入者の承認を受けた場合は，0.60 kg/m³ 以下とすることができる。

5.2　型枠・支保工

5.2.1　型枠・支保工に作用する荷重

　型枠・支保工に作用する荷重は，コンクリート重量などの死荷重と作業車などによる動荷重からなる鉛直荷重を考慮する。さらに，支保工に対しては，このほかにこの鉛直荷重の何%かの横方向荷重を，また型枠に対しては，コンクリートの側圧を考慮して設計する。これらに対するそれぞれの値や考え方は専門書に与えられているが，型枠・支保工の設計ミスは重大な事故となることが多いため，慎重な対応が求められる。

　なお，側圧に影響を及ぼすおもな要因は，打込み速度，コンシステンシー，コンクリート温度，打込み高さなどであり，これらの項目を変数として側圧の算定式が提案されている。

5.2.2 型　　　　枠

型枠（form）は，図 **5.3** に示すように，直接コンクリートと接する**せき板**（sheathing）と，これを補強，連結するばた材および緊結材からなっている。

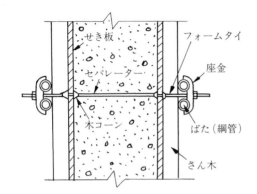

図 5.3 型枠の組立ての例(壁)

せき板には，木材，合板，鋼材，紙材，合成樹脂などがあるが，現在おもに使用されているものは合板および鋼材（通常メタルフォームと呼称される）である。

合板は加工性が良く，木材に比べて耐久性も高く，大型パネルとしても使用できるなどの利点がある。また，打放しコンクリートとして表面の美観を向上させるために，合板の表面に樹脂塗装された化粧合板も使用される。

鋼材は，耐久性が高く転用回数が多いこと，剛性が高いためコンクリート面が平滑であるなどの利点を有するが，加工が難しく保温性が劣るという欠点がある。この型枠は，幅と長さが種々の形状のものが規格化されている。

これらのせき板の表面には，コンクリート硬化後の型枠の脱型を容易にするために，それぞれの型枠に適したはく離剤を塗布して使用する。

一方，ばた材は，せき板の変形を防止するためのものであり，木製および鋼製があり，断面形状は円管や角管のほか溝形鋼が使用されている。

また，緊結材としては，**セパレーター**（separator），**フォームタイ**（form tie）および座金が使用される。

5.2.3 支　保　工

支保工（support）は，型枠の位置を正確に保持するためと，コンクリートが自立，あるいは施工中に必要な強度を発現するまでの支柱となるものであり，一般的に鋼製のものが多く用いられるが，真っすぐな支保材には木材も用いられる。鋼製支保工には，**図5.4**に示すように，単管支柱，枠組支柱，組合せ桁などがある。

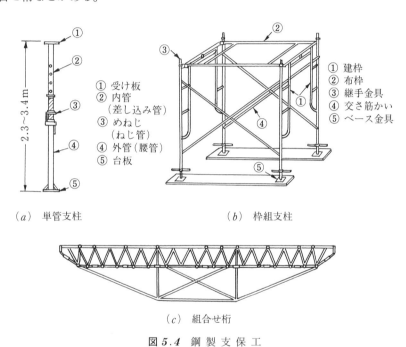

① 受け板
② 内管
　（差し込み管）
③ めねじ
　（ねじ管）
④ 外管（腰管）
⑤ 台板

① 建枠
② 布枠
③ 継手金具
④ 交さ筋かい
⑤ ベース金具

（*a*）　単管支柱　　　　　　　　　　（*b*）　枠組支柱

（*c*）　組合せ桁

図5.4　鋼　製　支　保　工

5.2.4　型枠・支保工の取りはずし

　型枠と支保工は，コンクリートがその自重および施工中にかかる荷重を支えられる強度に達するまで，取りはずしてはならない。この取りはずし時期と順序については，セメントの種類，配合，構造物の種類と重要度，部材の種類と大きさ，部材の受ける荷重，気温などによって異なるが，コンクリート標準示方書では**表5.5**の値を示している。

表 5.5 型枠の取りはずしが可能となる圧縮強度の参考値

部材面の種類	例	圧縮強度〔N/mm²〕
・厚い部材の鉛直または鉛直に近い面 ・傾いた上面 ・小さなアーチの外面	フーチングの側面	3.5
・薄い部材の鉛直または鉛直に近い面 ・45°より急な傾きの下面 ・小さなアーチの内面	柱，壁，梁の側面	5.0
・橋や建物などのスラブおよび梁 ・45°より緩い傾きの下面	版，梁の底面 アーチの内面	14.0

5.3 コンクリートの施工

5.3.1 運搬・打込み・締固め

〔**1**〕**運　搬**　練り混ぜたコンクリートは，材料の分離や品質の変化が生じないように，速やかに打込み場所まで運搬する。運搬には，生コンクリートプラントから工事現場までの場外運搬と，現場内での場内運搬に大別される。前者の場外運搬には，一般的にはトラックミキサー，アジテータカーなどが用いられ，硬練りコンクリートにはダンプトラックが用いられる。また，場内運搬では，主として**コンクリートポンプ**（concrete pump）が，そのほかバケット，ベルトコンベア，コンクリートプレーサー，シュートなどが用いられる。

　練り混ぜたコンクリートは，時間の経過とともにスランプや空気量が変化するので，コンクリート標準示方書では，練混ぜから打込み終了までの時間を，外気温が 25 ℃ 以上の時は 90 分以内，外気温が 25 ℃ 以下の場合は 120 分以内と規定している。

〔**2**〕**打 込 み**　コンクリートの打込みにあたっては，まず打込みの準備として，打込み計画をしっかりとたてるとともに型枠や配筋の検査を行い，埋設物や清掃の確認を行う。また，材料分離によって生じる豆板（ジャンカともいう）を発生させないために，鉄筋などに打ち込むコンクリートを直接当て

ないように工夫するとともに，自由落下高さは 1.5 m 以内に制限する。また，コンクリートの打込みは，あらかじめ定められた区画の表面がほぼ水平になるように，一層の打設高さを約 40〜50 cm として，終了まで連続して打ち込むことが必要である。打込み速度は，過大になると側圧が大きくなり型枠の崩壊につながるため，温暖な時期で 1.5 m/h 以下，寒冷な時期で 1.0 m/h 以下にする必要がある。

〔3〕 締 固 め　　打ち込まれたコンクリートは空隙を少なくし，鉄筋や埋設物などとの密着性を良くするとともに，型枠のすみずみまで完全に充填させるために締固めを行う。締固めの方法には，振動締固め，突き棒および木づちによる方法があるが，突き棒と木づちによる方法は，建築用の軟練りコンクリートを突き固める場合，あるいは型枠面にブリーディングや気泡が留まってできる水あばたや空気あばたを除去する場合に効果がある。

　振動締固め（vibrating compaction）は，コンクリート中に振動機を挿入して締め固める内部振動機を用いることを原則としている。また，床版や舗装などのような薄い板状のコンクリートに対しては，表面から振動を与える表面振動機を，また薄い壁や高い柱，トンネルのライニングなどには，内部振動機が使用できないか，できても不十分になる場合が多いため，型枠振動機を型枠に取り付けて締固めを行う。

　締固めは，コンクリートの品質を最終的に決定する重要な作業であるので，それぞれの締固め機械の特徴を十分理解したうえで，実施することが必要である。特に，使用機会の多い内部振動機は，種類も多く性能も多様であるので，工事に適したものを選定し使用する。内部振動機はなるべく鉛直に，しかも，一様な間隔（一般的に 50 cm 以下）に差し込んで締め固める。その場合，2 層以上にコンクリートを打ち込む場合は，図 5.5 に示すように振動機は下層のコンクリート中に 10 cm 程度挿入するのが良い。

〔4〕 仕 上 げ　　コンクリートの表面は，美観上，耐久性，水密性などを高めるために仕上げが必要である。表面仕上げは，表面のブリーディング水がなくなった後，木ごて，金ごてなどを用いて所定の高さや形状に仕上げる。

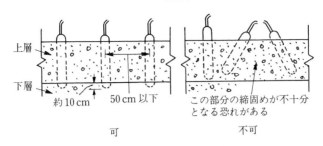

図 5.5 内部振動機の使用方法

また，型枠に接する面に段差や突起，あるいは豆板や空洞などがある場合は，これらの不完全な部分を取り除いて水で濡らした後，コンクリートあるいはモルタルを補って平らに仕上げる。

5.3.2 打 継 目

コンクリートはできる限り連続して打ち込むほうが良いが，1回の打込み量，充塡性，型枠の反覆使用，鉄筋の組立などから，一般的には，コンクリートをいくつかの区画に分けて打ち込む。このような新旧コンクリートの打継による継目は**打継目**（joint）というが，これには**図 5.6**に示す水平打継目と鉛直打継目がある。

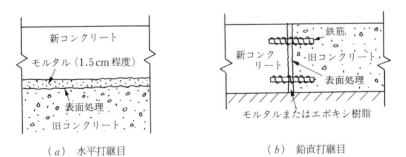

（a） 水平打継目　　　　　　　　（b） 鉛直打継目

図 5.6 打継目の施工

これらの打継目の位置および構造は，施工性，構造物の強度，耐久性，水密性および外観上などから定められたものであり，現場の都合などでみだりにこれを変更してはならない。また，打継目は地震時に構造物の弱点となりやすい

ため，その施工には特に注意が必要である。

水平打継目の施工は，まず，旧コンクリート表面を粗にして**レイタンス**（laitance）を適当な方法で除去し，つぎに，十分に吸水させ余分な水を除去した後，モルタルを敷いてただちにコンクリートを打ち込み，新コンクリートと密着するように締め固める。

鉛直打継目の場合も，水平打継目と同様，旧コンクリートの表面を粗にした後，水洗いして十分に吸水させ，付着しやすくするためにモルタルあるいは湿潤面用エポキシ樹脂を塗る。新コンクリートの**ブリーディング**（bleeding）水が打継面に集まりやすいが，新コンクリートを打ち込んだ後，適当な時間に再振動を行うと，この分離した水が追い出されて，打継目の付着の向上に効果がある。

5.3.3　養　　　　　生

コンクリートを打ち込んでから必要な強度を発揮するまで，衝撃や荷重を加えないように保護し，また，セメントの水和反応を十分に進行させ，乾燥に伴う引張応力やひび割れの発生を少なくする作業を**養生**（curing）という。

この養生のために，以下のような対策を行う。

① 　コンクリートの硬化中，適当な温度と十分な湿潤状態を保つ。

② 　コンクリートが十分硬化するまで，衝撃や荷重を加えない。

③ 　コンクリートの打込みから硬化が始まるまで，風雨や日光の直射から露出面を保護する。

上記養生を行うために，一般的にはコンクリートを打ち込んだ後，保湿性と保温性のあるシートで覆い，散水や湛水を行い湿潤状態に保つ。なお，現場の状況から，このような養生が不可能な場合は，コンクリート表面に養生剤を散布して皮膜を作り，水の蒸発を防止する**膜養生**（membrane curing）が行われることがある。

なお，コンクリート標準示方書では，セメントや構造物の種類に応じて最小の湿潤養生期間を**表5.6**のように示している。

表5.6 最小の湿潤養生期間（単位：〔日〕）

コンクリートの種類	普通ポルトランドセメント	早強ポルトランドセメント	中庸熱ポルトランドセメント	フライアッシュ・高炉セメント
無筋および鉄筋コンクリート	5	3	—	—
舗装コンクリート	14	7	21	—
ダムコンクリート	14	—	14	21

コーヒーブレイク

コンクリートは生きもの？

コンクリートは，よく「生(いき)もの」とか，「生(なま)もの」といわれる。

一般に，コンクリートは，その材料であるセメントと水が反応して，セメントゲルといわれる水和物を生成し，時間の経過とともに強度が増大していく。特に，打設前および打設後のコンクリートの特性は，時々刻々と非常に大きく変化する。そして，打設後の強度を十分に発揮させるためには，養生といわれるアフターケアーを十分に行うことが重要である。これは，必要な強度が発揮されるまで，適当な温度と十分な湿度の環境を保ち，さらに衝撃や荷重をかけないで風雨や日光の直射から露出面を保護し静置しておくことである。このような適切な養生を続ければ，コンクリートの強度は何十年も増加し続けることが確認されている。

このようなケアーは，動植物などの生物を長い年月をかけて育成するのとよく似ている。コンクリートもこれらと同様，つねに愛情を持ち細心の注意を払って，根気強く育てることが肝心である。

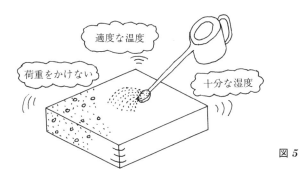

適度な温度

荷重をかけない

十分な湿度

図5

5.4 特別な配慮を要するコンクリート

5.4.1 マスコンクリート

断面の大きな壁，箱げたラーメン，ダム，フーチングなどのマッシブなコンクリート構造物は，セメントの水和熱による温度上昇が大きく，そのときに生じる体積変化が，なんらかの拘束を受けると引張応力（これをマスコンクリートの温度応力という）が生じ，ひび割れが発生しやすい。

マスコンクリート（mass concrete）として扱う構造物の部材寸法は，構造

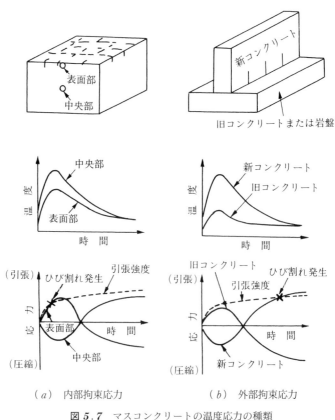

（*a*） 内部拘束応力　　　　（*b*） 外部拘束応力

図5.7 マスコンクリートの温度応力の種類

形式，使用条件，施工条件などによって異なるが，広がりのあるスラブについては 80〜100 cm，下端が拘束された壁では 50 cm 以上を目安と考えてよい。

　マスコンクリートの**温度応力**（thermal stress）は，その発生原因により内部拘束応力と外部拘束応力がある。前者は，**図5.7**（*a*）に示すように，板厚の大きなコンクリート部材の内部と表面部の温度差により，表面部に引張応力が生じるもので，コンクリートを打ち込み後，比較的早期（約1〜3日後）に生じ，発生ひび割れも表面部近くに限られるという特徴がある。

　一方，後者は，図（*b*）に示すように岩盤やフーチングの上に新コンクリートを打ち込み，温度変化に伴う体積変化が外的に拘束されて引張応力が生じるもので，発生ひび割れは数 m の間隔で打継面にほぼ直角に規則正しく発生し，しかも貫通しやすいという特徴を有する。

　これらの温度応力の抑制対策は，大別すると，① 温度上昇を小さくする，② 拘束を緩和する，③ ひび割れを特定の場所に集中させる，あるいは有害にならない程度のひび割れ幅に抑える，の3種類となり，**表5.7**に示すように，材料・配合，施工および設計などの面から抑制対策が検討され実施されている。

表5.7　マスコンクリートのひび割れ抑制対策

(1)材料・配合	低発熱型セメントの使用	混合セメント系，ポルトランドセメント系低発熱型セメント
	セメント量の低減	スランプの低減，大きな骨材最大寸法，良質の混和剤の使用，設計基準強度の判定材令の延長
	特殊混和剤の使用	水和熱低減剤，マスコン用膨張材
(2)施工	温度差，温度降下速度の低減	保温（シート，断熱材），温水養生
	温度上昇の低減	パイプクーリング，プレクーリング，リフト高さの制限，夜間打設
	拘束の緩和	打設ブロック長の制限
(3)設計	ひび割れの集中，拘束の緩和	目地の設置
	ひび割れの分散	鉄筋量の増加，応力集中部の補強

5.4.2 流動化コンクリート

流動化コンクリート (superplasticized concrete) とは，あらかじめ練り混ぜられたコンクリート (base concrete：ベースコンクリート) に**流動化剤** (superplasticizer) を添加し，これをかくはんして単位水量を増加させないで流動性を増大させたコンクリートをいう。

このコンクリートの使用目的は，つぎのようである。

① 施工性やポンパビリティーを改善する。

② 単位セメント量を低減する。

③ 単位水量を低減する。

④ 乾燥収縮を少なくして，ひび割れを抑制する。

⑤ ブリーディングやコンクリートの沈降を少なくする。

⑥ 水密性や気密性の高いコンクリートを得る。

土木工事では，この流動化により単位水量や単位セメント量を増加することなくスランプが増大できるので，上記項目①の施工性や**ポンパビリティー** (pumpability) の改善が主目的となる。土木学会では，ポンパビリティーを考慮してスランプを 12 cm 以上にする場合は，流動化コンクリートを使用することを推奨している。**表 5.8** は，土木学会における流動化コンクリートの

表 5.8 流動化コンクリートのスランプの標準範囲

構 造 物 の 種 類			スランプ〔cm〕
マッシブなコンクリート（例えば，大きい橋脚，大きい基礎など）			8〜12
かなりマッシブなコンクリート（例えば，橋脚，厚い壁，基礎，大きいアーチなど）			10〜15
厚いスラブ			8〜12
一般の RC			12〜18
断面の大きい RC			8〜15
PC 梁			10〜15
水密コンクリート			8〜15
トンネル覆工コンクリート			15〜18
舗装コンクリート			8 以下
人工軽量骨材コンクリート	R C	スラブ	12〜18
		梁	12〜18
		壁および柱	10〜15
	P C	梁	10〜15

スランプの標準範囲を示す。

　一方，わが国の建築工事では，従来よりスランプ 21 cm 程度の軟練りコンクリートが多用されてきたが，流動化コンクリートは施工性の改善というよりは，施工性を変えることなく単位水量を減じて，コンクリートの品質を改善する上記項目のうち，③〜⑥ の事項が主目的となって使用されている。

　なお，近年，この流動化コンクリートよりもさらに流動性を高め，振動締固めをすることなく型枠のすみずみまで充填可能な，高流動コンクリートが出現し利用されている。このコンクリートは，高性能減水剤と分離低減剤として多量の粉体や増粘剤を用いて，流動性と分離抵抗性という相反する性能を保持させたコンクリートであり，高い均質性や耐久性が得られることが確かめられている。

5.4.3　暑中コンクリート

　暑中コンクリート（hot weather concrete）は，日平均気温が 25 ℃ を超える時期に製造および施工するコンクリートをいう。このコンクリートは，気温の高い時期に施工することから，一般のコンクリートと比較して，以下のような問題点を有しており，施工にあたっては特別の配慮が必要である。

① 　コンクリートの単位水量が増加する。

② 　凝結および硬化が促進される。

③ 　空気量の調整が難しい。

④ 　ひび割れが発生しやすい。

⑤ 　長期強度が低下しやすい。

⑥ 　流動性が低下しやすい。

⑦ 　ポンパビリティーが低下し，ポンプ圧送時に閉塞しやすい。

　すなわち，暑中コンクリートは，気温の上昇により凝結・硬化が促進され，ワーカビリティーや空気量の低下を招き，その結果，充填不良，**コールドジョイント**（cold joint），強度低下およびひび割れ発生などの問題点が生じやすい。このため，暑中コンクリートの施工にあたっては，材料，配合，施工の各

面において，以下のような対策がとられる。

練上りコンクリートの温度を下げるため，なるべく低温度の材料を用いる。通常の場合，骨材の温度±2℃，水の温度±4℃，セメントの温度±8℃につき，コンクリート温度はそれぞれ約1℃変化する。

暑中に施工するコンクリートは，単位水量が増える傾向にあるため，良質の減水剤，AE減水剤あるいは流動化剤などを用いて単位水量を少なくし，かつ発熱を抑えるため単位セメント量を少なくするのがよい。なお，上記の混和剤には凝結遅延型のものを用いる。

コンクリートの打込みにあたっては，基礎，型枠などがコンクリートから吸水しそうな場合は，散水して湿潤状態に保つとともに，周到な打設計画をたて，コールドジョイントを防止する。また，コンクリート温度は35℃以下とし，練混ぜから1.5時間以内に打込みを終了するように，コンクリート標準示方書で規定されている。

コンクリートの打込み後は，ただちに露出面をシート類で覆い直射日光を避け，少なくとも24時間は湿潤状態に保つ。また，少なくとも5日間は養生を行う。

5.4.4　寒中コンクリート

寒中コンクリート（cold weather concrete）とは，日平均気温が4℃以下になることが予想される時期に施工されるコンクリートをいう。このような気温条件のもとでは，コンクリートが凍結し，強度，耐久性，水密性などが著しく損なわれやすいので，注意が必要である。

寒中コンクリートのおもな問題点は，以下のようである。

①　セメントの水和反応が遅延され，コンクリートの凝結・硬化が遅れる。

②　凝結・硬化の初期に凍結しやすい。

③　凝結・硬化が遅いため，強度発現が遅く養生期間が長くなりやすい。

このような問題点があるため，寒中コンクリートの施工にあたっては，つぎのような対策をとる。

特に，マッシブなコンクリートを除けば，セメントは硬化が早く水和熱の大きい早強または超早強ポルトランドセメントを用いるのが有利であり，材料の温度が低下しすぎるときは適当な方法で暖め，コンクリートの練上り温度は10℃以上になるようにしなければならない。

寒中コンクリートは，良質の AE 剤や AE 減水剤を用い，耐凍害性を確保するために所定の空気量を導入して，単位水量の少ない AE コンクリートとする必要がある。

施工にあたっては，凍結した地盤や氷上にコンクリートを打ち込まないように留意し，周囲をシートで覆い運搬や打込み中にコンクリートが冷却しないように注意する。コンクリートの打込み後は，コンクリートが凍結しないように表面を保温性のあるシートで覆い，必要に応じて給熱養生を行って，コンクリート温度を5℃以上に保つ必要がある。養生期間は，気象条件，部材寸法，露出条件などによって異なるが，養生温度が5℃および10℃の場合，そのおよその目安を示すと**表5.9**のようである。

表5.9 寒中コンクリートにおける必要な養生日数の目安

断面		普通の場合		
構造物の露出状態	セメントの種類／養生温度	普通ポルトランド	早強ポルトランドまたは普通ポルトランド＋促進剤	混合セメントB種
(1) 連続してあるいはしばしば水で飽和される部分	5℃	9	5	12
	10℃	7	4	9
(2) 普通の露出状態にあり(1)に属さない部分	5℃	4	3	5
	10℃	3	2	4

〔注〕 水セメント比55％の場合の標準を示した
水セメント比がこれと異なる場合は適宜増減する

5.4.5 水中コンクリート

水中で施工するコンクリートを**水中コンクリート**（underwater concrete）

という。水中コンクリートは施工が難しいため，できる限り避け，やむを得な
い場合に限って実施するのが原則である。水中コンクリートの施工法は，**図
5.8** に示すように，大きく 3 種類に分類される。

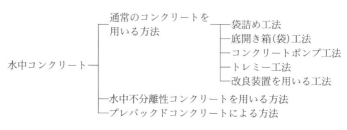

図 5.8　水中コンクリートの施工法

　このうち，通常のコンクリートを用いる方法では，一般的にコンクリートポ
ンプ工法やトレミー工法が用いられる。これらの工法で用いるコンクリート
は，水セメント比 55 ％以下，単位セメント量 370 kg 以上，スランプ 13〜18
cm で，良質の減水剤を用いて単位水量をできる限り減らして，流動性がよく
材料分離抵抗性が大きなコンクリートを用いて，型枠の隅々まで充塡すること
が重要である。コンクリートの打込み中は，管の吐出口は既設コンクリート中
に貫入させ，水中を自由落下させないように注意し，必ず打込み終了まで連続
して施工することが原則である。

　水中不分離性コンクリートを用いる方法は，近年，大規模な水中コンクリー
ト工事に多用されており，従来のコンクリート材料のほかに，水中不分離性混
和剤および高性能減水剤などを使用し，コンクリートの粘性と充塡性を高め
て，水中での材料分離抵抗性を向上させたコンクリートである。このコンクリ
ートを用いれば，ある程度の水中自由落下が可能であり，施工の簡略化，工事
のスピード化，品質の向上などが可能となる。

　プレパックドコンクリート（prepacked concrete）による方法は，あらか
じめ水中に設置された型枠内に粗骨材を詰め，その空隙に特殊なモルタルを注
入して作られるコンクリートである。本工法は，コンクリートの品質が現場状
況や施工条件の影響を受けやすいため，材料，配合，施工方法を十分に検討

し，入念に施工することが必要である。

5.4.6 水密コンクリート

水密性を要するコンクリート構造物としては，各種貯蔵施設，地下構造物，水理構造物，貯水槽，上下水道施設，トンネルなどがあり，これらに用いる水密性の高い良質のコンクリートを**水密コンクリート**（water tight concrete）という。

このコンクリートにおいては，以下のような特性が要求される。

① コンクリートが均質で，骨材とセメントペーストとの界面に，ひび割れなどの局部的欠陥がない。

② セメントペースト中の空隙が少ない。

③ ブリーディングによる水みちが少ない。

④ 粗骨材下面の空隙が少ない。

⑤ ひび割れや打継目の欠陥がない。

⑥ コールドジョイント，ジャンカなどの施工欠陥がない。

水密コンクリートでは，良質の AE 剤，減水剤および高性能減水剤などを用いてワーカビリティーを改善し，打込み・締固めを入念に行って密実なコンクリートを施工して水密性を高める。

このために，水セメント比は 55 % 以下，スランプは 8 cm 以下とし，単位水量を減らしてブリーディングや乾燥収縮はできる限り少ない配合とする。また，特に初期の**湿潤養生**（wet curing）は長めに行う。

なお，打継目の施工には十分な注意を払うとともに，必要に応じて，止水板を用いた収縮目地や伸縮目地を施す。

演 習 問 題

【1】 レディーミクストコンクリートを発注する場合に指定する項目を述べよ。

【2】 レディーミクストコンクリートを購入して使用する場合，荷卸し地点におけ

る受入検査の項目を記述せよ。

【3】 型枠のせき板として多用されているものに，合板と鋼板がある。それぞれの
材料の特徴について述べよ。

【4】 コンクリートの打込みおよび締固めにおける留意事項について述べよ。

【5】 コンクリートの打継目の施工上の留意点について述べよ。

【6】 コンクリートの養生について説明せよ。

【7】 つぎのコンクリートについて説明し，施工上の留意点について述べよ。
　　　（1）　マスコンクリート
　　　（2）　暑中コンクリート

6

トンネル工

　鉄道，道路，用水，上下水道などを地中や水底に通すための通路をトンネルという。本章では，このトンネルの施工方法について学ぶ。

6.1　概　　　説

6.1.1　トンネルの種類

トンネル（tunnel）は，用途，位置および工法によって，以下のように分類される。

1）用途による分類

　① 通行用：鉄道，道路，歩道

　② 通水用：水力発電，上下水道，地下河川，かんがい用水路

2）位置による分類

　① 山岳トンネル，② 都市トンネル，③ 水底トンネル

3）工法による分類

　① 山岳トンネル工法，② 開削トンネル工法，③ シールド工法，

　④ 沈埋工法，⑤ 推進工法

　上記工法のうち，山岳トンネル工法は，主として山岳地域において掘削と支保工を順次繰り返しながら掘進する工法，開削トンネル工法は，地盤を掘削し土留め支保工を施工して土圧を支持し埋設管や構造物を設置する工法である。また，シールド工法は，地山が軟弱で地下水の湧水や崩壊の危険性がある場合に，円筒形の掘削機を推進して掘削する工法，沈埋工法は，河口や湾などを横

断してプレハブ式のエレメントを順次連結して組み立てていく工法，推進工法
は，地中に設置された立坑からジャッキの推進力によって埋設管を押し込む工
法である。

6.1.2　トンネルの調査

トンネルの施工にあたっては，まず，地形，地質，湧水などの調査が行われ
る。これらの調査は，トンネルの位置選定，設計，施工および完成後の維持管
理にきわめて重要であるため，慎重に行う必要がある。

地形調査には，地表の形態や形状に関する調査と，地形の成因に関する調査
がある。これらの調査は，地表踏査，地形図，空中写真などによって行われ
る。

地質調査としては，地山の岩質，硬軟，割れ目，風化の程度および地層の固
結度などが調べられる。このため，資料調査，踏査，物理探査，ボーリング調
査，試掘などが行われる。そして，調査結果は，**図6.1**に示す地質縦断図と
してまとめられる。

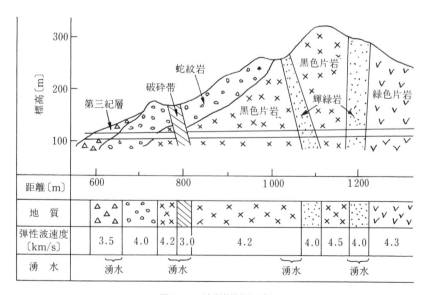

図6.1　地質縦断図の例

　トンネル工事における湧水量は，工事の難易度に大きく影響するため，湧水調査は非常に重要である。トンネルの湧水には，大量の水が一度に噴き出す集中湧水と，長期間ほぼ一定の量が噴き出す恒常湧水がある。前もって，これらの湧水を予測することは難しいが，前述の地形調査や地質調査の結果と合わせて検討し，万一の湧水に対する対策を事前に考慮しておく必要がある。

6.1.3　トンネルの設計

　先に行った調査結果をもとに，使用目的に応じて，安全で，しかも経済的な線形，勾配および断面形状などを決定し，付帯施設を設計する。

　トンネルの線形は，施工，通風および交通の安全上の面から，できる限り直線とし，やむを得ない場合でも比較的大きな半径の曲線とする。また，トンネルの勾配は，湧水の自然流下が可能な範囲で，できる限り緩やかな勾配とする。トンネルの両坑口の高低差があまりない場合でも水平はなるべく避け，両坑口からトンネルの中央に向かって0.5％程度の上り勾配とし，逆に高低差がかなりある場合は，なるべく片勾配とする。

　トンネルの断面形状は，使用目的，地質，断面の力学的性質，施工法などを考慮して決定する。**図6.2**は，地質の差異によるトンネルの断面形状を示したものである。

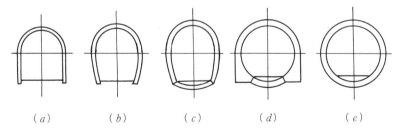

　　（*a*）　　　　　（*b*）　　　　　（*c*）　　　　　（*d*）　　　　　（*e*）

図6.2　地質の差異によるトンネルの断面形状

　図（*a*）は地質の良好な箇所に，図（*b*）は図（*a*）よりもやや悪い場合に，図（*c*）はさらに悪くなった場合に使用される。図（*b*）および図（*c*）は，3心円（3個の中心を持つ円弧で形成された断面）や5心円の馬てい形で

ある。一般に，地山が悪くなると，図（c）に示すように底部にインバートを
設け閉鎖断面とし，さらに不良な箇所では，図（d）および図（e）に示すよ
うに，円形断面が用いられる。

トンネル断面および覆工の各部は，**図6.3**に示すような名称で呼ばれてい
る。現在では，種々の観点から馬てい形断面が採用されることが多いが，**図
6.4**に名神高速道路の天王山トンネルの断面形状を示す。

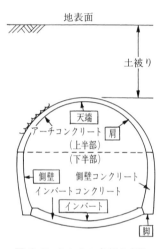

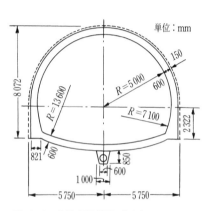

図 **6.3** トンネル各部の名称 　図 **6.4** 名神高速道路天王山トンネルの
　　　　　　　　　　　　　　　　　　　　　　　　断面形状

トンネル工事の付帯施設には，坑内施設と坑外施設がある。

坑内施設には，作業および巡回点検に必要な照明，切羽（トンネル掘削の先
端部）などに設置する投光器，爆破ガス・粉塵および作業機械などの排気ガス
などを坑外に吐き出すファン・風管・集塵機などがある。このほか，湧水を処
理するための排水施設，ドリルや吹付コンクリートなどに使用される圧縮空気
の設備などが設けられる。

一方，坑外施設には，管理設備，電気設備，給排水設備，換気設備，機械設
備，コンクリート設備，倉庫設備，型枠・支保工関係設備，ずり捨て場などの
施設を設ける。

6.2 掘削・ずり出し

　掘削とずり出しは，トンネル工事の中でも工期に最も影響を及ぼす重要な作業である。このため，掘削方式，掘削工法およびずり出しの方法については，トンネルの断面形状，大きさおよび延長，ならびに地質，工期などを十分に考慮のうえ適切な方法を選定する必要がある。

6.2.1 掘　　　　　削

〔*1*〕**掘削方式**　　トンネルを掘削する方式には，機械による機械掘削と，爆薬による発破掘削の二つの方式がある。

　機械掘削は，固結度の低い土砂から中硬岩までの地山に対して使用される場合が多く，トンネルの全断面を同時に掘削する全断面掘削機と，トンネルの一部分から掘削していく自由断面掘削機がある。これら2種類の掘削機は，機械の先端に回転式カッターを取り付け，これを回転して連続的に切削，あるいは破砕を行い掘削する。

　発破掘削は，地山が岩質である場合に用いられる。爆破を行うためにはせん孔する必要があるが，このために**削岩機**（drill）が使用される。削岩機としては種々のものが使用されているが，**図6.5**に示す削岩機はドリルジャンボと

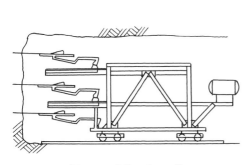

図 *6.5*　ドリルジャンボ

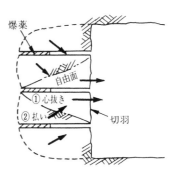

図 *6.6*　心抜きと払いによる
　　　　　掘削方法

呼ばれるもので，多数の穴を同時にせん孔できるため能率が高いのでよく使用される。なお，せん孔の長さは爆破方法や岩質によっても異なるが，一般的に1〜2 m，穴の直径は 45 mm 程度である。

　爆破を効果的に行うには，できる限り岩盤の自由面を増すのが効果的である。このため，爆破に際しては，まず切羽中心部を爆破させて自由面を増し（心抜き），ついで 0.01〜0.5 秒遅れで周囲を爆破する（払い）という方法が取られる。図 **6.6** に心抜きと払いによる掘削方法を示す。このほか，爆薬を装填しない穴を造り自由面とする爆破方法（バーンカット工法）がある。

　爆薬には，主としてダイナマイトが使用される。これは，ニトログリセリンを基剤とし，これをけいそう土や綿火薬に吸収させたものであり，ニトログリセリンの含有量が多いものほど爆破力が大きい。また，このほかの爆薬として，ANFO 爆薬，硝安爆薬，カーリット，ユーズマイト液体酸素爆薬などがある。なお，これらの爆薬は火薬類に属する危険物であり，その取扱いには有資格者があたることが義務付けられている。

　〔**2**〕　**掘削工法**　　トンネルを掘り進んでいく掘削工法には，全断面掘削工法，上部半断面掘削工法（ベンチカット工法）および導坑先進工法の三つがある。

　全断面掘削工法は，比較的小断面のトンネルや岩盤などの地質が良好な地盤に適した工法である。掘削には，トンネルボーリングマシンなどの大型機械の使用が可能で作業能率が高いという長所を有するが，地質の変化によって工法を変更できない，あるいは掘削機械に関する費用が高いという短所がある。

　上部半断面掘削工法は，全断面掘削工法では無理であるが，半断面であれば切羽を鉛直に保つことができ，比較的地質が良好で湧水量が少ない場合に用いられる。これは，図 **6.7** に示すように，上半部と下半部に分けて階段状にし，上半部を先行して掘削しながら，これに追従して下半部を掘削していく工法である。上半断面と下半断面の間の距離をベンチ長といい，地質あるいは作業機械などによって，この長さは数 m〜100 m 程度にとる。なお，2 段では地山が自立しないような地質の場合は，必要に応じて 3 段以上の多段ベンチとす

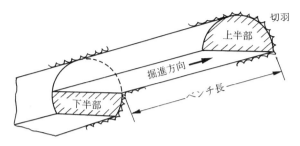

図6.7 上部半断面掘削工法

る。

導坑先進工法は，地山の固結度が低く，切羽の自立が困難な地質の悪い場合に用いられる。この工法は，トンネル断面を数個の小断面に分け，段階的に掘削していく工法である。まず最初に掘削する部分を導坑というが，この導坑を掘削しながら地質や湧水の状態を調査し，湧水量が多い場合は排水溝の役目を果たす。

導坑は，**図6.8**に示すように，地質，トンネルの断面形状や大きさ，切拡げなどを考慮して種々の位置に設けられる。

(a) 頂設導坑　(b) 底設導坑　(c) 中心導坑　(d) 並行導坑　(e) 側壁導坑

図6.8 導坑先進工法における導坑の位置

6.2.2 ず り 出 し

トンネルの掘削によって生じる土砂をずりといい，これをトンネルの坑外に運び出すことをずり出しという。ずり出しには，ずり積込み，ずり運搬，ずり捨ての三つの作業がある。

ずり積込みは，機械掘削の場合，掘削機と連動して行う方式が多いが，このほかショベル系掘削機により積み込む場合もある。

　ずり運搬は，ダンプトラックなどによるタイヤ方式と，坑内にレールを敷設し，トロッコなどで運搬するレール方式がある。方式の選定にあたっては，掘削工法，トンネル断面の大きさ，トンネルの延長，作業能率などを考慮し選定する。

　ずり捨ては，タイヤ方式による場合は，土捨て場まで直接運搬が可能である。レール方式による場合は，軌道を土捨て場まで延長するか，途中でダンプトラックに積み替えて処理する。

6.3　支　保　工

　支保工は，トンネルを掘削してから覆工をするまで，地山の緩みを防ぎ土圧を支持するための仮設構造物である。近年では，トンネルの掘削直後に地山に密着して支保工を施し，地山の緩みを少なくして，地山が本来持っている支持力を最大限に活用する **NATM**（new Austrian tunneling method）による場合が多い。

　このNATMには，**図 6.9** に示すように，支保工として，鋼アーチ支保

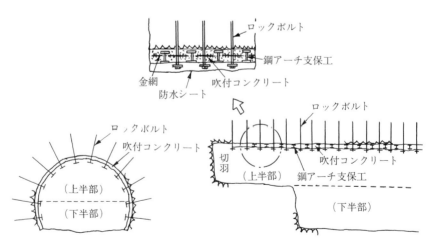

図 6.9　NATM における支保工

工，吹付コンクリート，ロックボルトなどが使用される。これらの支保工の選定あるいは間隔については，地山の地質に応じて決定される。

鋼アーチ支保工（steel arch support）は，吹付コンクリートを補強して，トンネルの変形能力の向上を図るとともに，切羽の早期安定を確保するために設置される。一般的には，H形鋼をアーチ状に組み立て，標準間隔として約1m，最大でも1.5m以下に建て込んで使用される。

吹付コンクリート（shotcrete）は，地山の緩み，はく落，風化などを防止するために，コンクリートを地山に吹き付け，地盤と密着させたものである。この吹付コンクリートの施工方法としては，使用するコンクリート中の水分量によって，湿式工法，セミ湿式工法および乾式工法の3種類がある。吹付コンクリートの厚さは，一般的に5～20cm程度であり，地山条件やトンネル断面の大きさなどを考慮して決定する。また，地山が固結度の低い土砂などである場合は，接着力の向上やはく落防止のために，金網が補強材として用いられる。

ロックボルトは，トンネル周辺の地山を補強し一体化させて，地山の持つ支保効果を増大させる目的で設置される。

なお，支保工の効果を確認し工事の安全を確保するために，掘削の進行に伴う地山の変形を計測する。そして，計測結果は必ず整理しておき，安全の検証と以後の工事に活用する。

コーヒーブレイク

トンネルには女神が住む？

かつて，トンネルの建設現場には女性は入ってはいけないといわれていた。

現在，こんなことをいうとセクハラだと問題になるところだが，かつてはトンネル内には女神が住んでおり，女性を入坑させると女神が嫉妬し，怒って地山の崩壊や落盤などの事故が起きると信じられていた。もちろんこれは迷信だが，かつてトンネル工事は土木工事の中でも大変難しく危険な工事であった。このため，実際事故も多かったのだが，このような理屈を付け無事にやり遂げようという男気の強い現場の志気を，維持してきたのではないだろうか。

また，トンネルの周辺部などには，肩，脚，へそなどの人間を想定した名前が付けられている箇所もあるが，これらも女神を想定したものかもしれない。

6.4　覆　　　　工

覆工（lining）は，トンネルの周囲の崩壊と湧水を防ぎ，地山を安全に支持するために行われる。覆工には，通常は現場打ちの無筋コンクリートが用いられるが，地質が悪い場合，土被りが小さい場合，あるいは坑口近くでは，現場打ち鉄筋コンクリートが用いられる。

　覆工厚さは，トンネルの断面形状や大きさ，地質，水圧，覆工材料などを考慮して経験的に定められているが，20〜70 cm 程度のものが使用されている。

　また，トンネル工事においては，湧水の処理がきわめて重要である。湧水がある場合は，覆工に水圧がかからないように，しかも湧水を導水する目的で**図6.9**に示すように，吹付コンクリートと覆工コンクリートの間に防水シートを設置したり，排水管や排水溝を設ける。

　覆工は，アーチ，側壁およびインバートと三つの部分に分けて施工する場合と，全断面を一度に覆工する場合とがある。アーチ部を覆工後，側壁，インバートの順に施工する場合を逆巻工法，側壁，アーチ，インバートの順に施工する場合を本巻工法という。

　全断面を一度に覆工する全断面覆工は，セントルと呼ばれる移動式型枠を組み立て，計測結果から地山の変形が完全に終了したのを確認して，側壁とアーチを一度に連続して打設する。コンクリートは，流動性がよく材料分離のないものを用いて，コンクリートポンプあるいはコンクリートプレーサーなどと，型枠あるいは内部振動機を用いて入念に締め固める。特に，アーチの天端部分はコンクリートが充填しにくいので，細心の注意をして施工する必要がある。

6.5　特　殊　工　法

6.5.1　開削トンネル工法

　開削トンネル工法は，**図6.10**に示すように，土被りが比較的浅い場合に

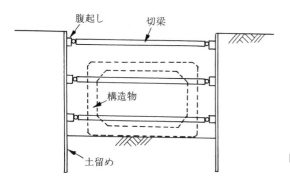

図 6.10 開削トンネル工法

地表面からある深さに地盤を掘削し，周囲に土留め工を施工して土圧を支持し，内部に地下鉄，下水道，共同溝などを構築した後，土を埋め戻してトンネルを造る工法である。

本工法では，掘削した内部空間に地上構造物と同様に，複雑な構造物を精度良く，しかも高品質のものを造ることが可能で，コストも安く工期も短くできることから，可能ならば採用することが好ましい。しかし，一般的には，道路などの一部を占有するため，交通渋滞を招きやすいほか，現場周辺の地表沈下や地下水の変動などを伴いやすいので注意する必要がある。

本工法においては，交通渋滞を解消するために，施工中は地表面を覆工板で覆って通行を可能にしたり，工期をより早くするために，プレキャスト構造部材を活用することもある。

6.5.2 シールド工法

シールド（shield tunneling）**工法**は，トンネル断面よりもやや大きい断面を持つ，円形のシールド（鋼製の円筒外殻）を使用し，切羽や側面の土圧を押さえながら，先端部のカッターを回転させ地山を切削する工法である。本工法は，固結度が低く湧水などもある軟弱地帯の施工法として開発されたものであるが，現在では交通事情の関係から，前述の開削トンネル工法が困難な都市の下水道工事や地下鉄工事，あるいは海底トンネル工事などにも多用されている。

　シールドは，一般に**図6.11**に示すように，フード部，ガーダー部および
テール部の3部分に分かれており，フード部には切削機構，ガーダー部には推
進や方向制御機構，テール部には覆工組立機構が備えられている。

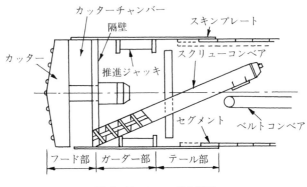

図6.11　シールドの機構

　すなわち，シールドをジャッキで方向制御しながら推進し，先端部のカッタ
ーを回転させて地山を切削して，スクリューコンベアなどでずりを取り込み，
排泥管あるいはベルトコンベアなどにより坑外に搬出する。同時に，掘削の終
わったテール部では，シールドのスキンプレートの保護の下でセグメント
（segment：鋼製あるいは鉄筋コンクリート製のプレキャストブロック）を組
み立てて覆工を行う。

　覆工が終わると，地山とセグメントの空隙にモルタルなどの裏込め注入を行
い，地盤の緩みや沈下を防止する。

　このように，シールド工法は，シールド内で掘削，推進（方向制御も含む），
覆工が同時に行えるように機械化されており，なかには，ずりの運搬や処理も
含めてコンピューター制御により，ほぼ完全に自動化されたものもある。

　このシールド工法に適用されるシールドマシンには，**図6.12**に示すよう
に，掘削時に切羽を安定させる方法によって種々の機構のものがある。フード
部とガーダー部の間が開放されたものを開放型シールドといい，この間が隔壁
で仕切られたシールドを密閉型シールドという。現在では，密閉型シールドが

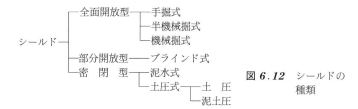

図 **6.12**　シールドの
　　　　　種類

大部分を占める。これには，泥水式シールド工法と土圧式シールド工法がある。

　泥水式シールド工法は，隔壁と切羽の間に泥水を送り，密度の高い泥水で切羽の安定を保ちながら掘進を行う工法である。掘削土砂は，泥水とともに排泥管で流体輸送され，坑外の泥水処理プラントで土砂と水分に分離し処理される。

　本工法は，土圧式シールド工法に比べカッターに与える負荷が小さいことから，大口径のシールド工事に多く採用されている。**図 6.13** に，泥水式シールド工法の例を示す。

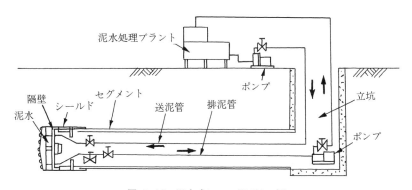

図 **6.13**　泥水式シールド工法の例

　土圧式シールド工法は，隔壁前面のフード部と排土用のスクリューコンベア内に掘削土を充満させ，切羽の土圧とバランスを保ちながら掘進する方法である。この工法は，地盤沈下を少なくすることができ，粘性土などの軟弱地盤に適する。

　また，切羽に粘土材を注入して掘削土砂とかくはんして，これを隔壁と切羽

の間に充満させ，切羽の土圧とバランスさせて掘進する工法を，泥土圧式シールド工法といい，砂質あるいは砂礫地盤に適する。この工法では，地下水位の高い砂礫地盤ではトラブルが多く発生していたが，添加剤として気泡を導入した気泡シールド工法が開発され，順調に掘進させることが可能になった。

　なお，これまで構造的に有利なことから，円形のシールドが用いられてきたが，近年，使用する断面によっては不経済な内空が生じることから，多円形シールドや角形シールドも用いられている。

6.5.3 沈 埋 工 法

　沈埋工法は，**図 *6.14*** に示すように，一般的な水底トンネルの建設工法であり，陸上のヤードで製作されたトンネル函体を海上輸送し，水底にあらかじめ掘削したトレンチ（溝）の中に順次沈設し接合した後，埋戻しを行いトンネルを構築する工法である。

　本工法は，以下のような特徴を有する。

　①　トンネル掘削時の危険性がほとんどない

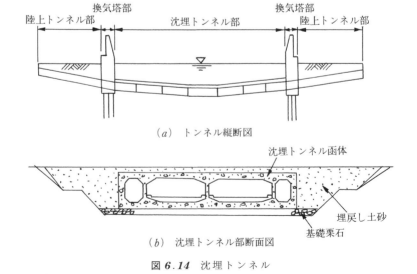

（*a*）　トンネル縦断図

（*b*）　沈埋トンネル部断面図

図 *6.14* 沈 埋 ト ン ネ ル

② 陸上での函体製作工事と水中での浚渫工事が並行してできるため，工期を短くできる

③ 函体は陸上で製作するため，高品質のものが早くできる

④ 水深の浅い位置に設置するため，トンネルの延長を短くできる

⑤ 函体の浮力を調節することにより地盤への接地圧を低減でき，基礎が簡略化できる

　トンネル函体の制作方法としては，造船ドッグや岸壁で函体の鋼製外殻を製作した後，艤装岸壁に係留して浮上状態でコンクリートを打設する鋼殻浮遊方式と，ドライドッグで直接鉄筋コンクリート函体を製作するドッグヤード方式がある。

　トンネル函体は，断面形状や延長にもよるが，一般的には約 100 m 前後の長さがあり，函体相互の結合および止水は，外部から作用する大きな水圧によって，ガスケットや止水ゴムによって完全に行われる。

　また，トンネル上部は函体の保護のため土が埋め戻される。

6.5.4 推 進 工 法

　推進工法は，**図 6.15** に示すように，管を強力なジャッキで押し込んで，順次管を連結して推進していく工法であり，開削トンネル工法に比べて交通への障害が少なく，しかも騒音や振動も小さい。この工法は，管径が 600～2 000 mm 程度の地下埋設管で，埋設位置が比較的深い場合に用いられる。

　この工法には，50 m 以内ごとに立坑を設け，これより管の先端に刃口を取

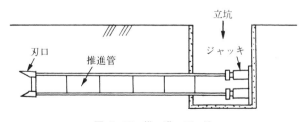

図 6.15 推 進 工 法

り付けた管を押し込みながら，内部の掘削土砂を坑外に搬出していく刃口推進工法，推進管の途中に中押し用のジャッキを装着して推進する中押し推進工法，推進管の先端に小型のシールド機を取り付け切削しながら推進させるセミシールド工法，あるいは操向性の機能がある小口径のパイロット管を到着地点まで推進し，このパイロット管を先導管として圧入し推進していく小口径推進工法などがある。

　なお，このほか道路や鉄道などの盛土部分を横断する場合によく用いられる工法として，フロンテジャッキング工法がある。この工法は，**図 *6.16*** に示すように，トンネルとして使用する函体をあらかじめ製作しておき，これを盛土の両側から，ジャッキと PC ケーブルを用いてけん引し，トンネルを構築する工法である。

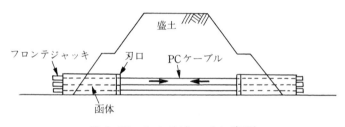

図 *6.16* フロンテジャッキング工法

演 習 問 題

【1】　トンネルの工法を五つに分類し，それぞれについて簡潔に説明せよ。

【2】　山岳トンネル工法における掘削工法を三つ挙げよ。

【3】　NATM における支保工には，どのようなものがあるか。その名称とそれぞれの機能について述べよ。

【4】　シールド機の三つの部分の名称と，それぞれの機能について説明せよ。

【5】　沈埋工法の特徴を述べよ。

7

ダ　ム　工

　　ダムの建設は，規模も大きく数多くの工事も含まれ，しかも工期も比較的
長い場合が多く，土木工事の中でも代表的な工事の一つである。本章では，
このダム建設工事の施工方法について学ぶ。

7.1 概　　　　　説

7.1.1 ダ　ム　の　種　類
　　ダム（dam）は，流水を一時的に貯留することを目的として建設される構造
物であって，堤体，基礎地盤，洪水吐，減勢工および放流設備や取水設備を総
称したものである。このうち，堤体は利用目的や構造材料によって，つぎのよ
うに分類される。
　1）　利用目的による分類
　　①　治水ダム
　　②　利水ダム
　　③　多目的ダム
　2）　堤体の構造材料による分類
　　①　コンクリートダム：重力ダム，中空重力ダム，アーチダム
　　②　フィルダム：ロックフィルダム，アースダム
　　コンクリートダム（concrete dam）のうち，重力ダムおよび中空重力ダム
は，コンクリート堤体の自重により水圧に抵抗するものであり，アーチダム
は，コンクリート堤体のアーチ作用により，水圧を両岸の岩盤に伝達して抵抗

するものである。

また，**フィルダム**（fill dam）のうち**ロックフィルダム**（rockfill dam）は，堤体材料に岩石，土および砂を用いたものであり，**アースダム**（earth dam）は，主として土と砂を用いて構築したものである。

フィルダムは，コンクリートの重力ダムと比較して，その堤体の容積は5倍ほどに大きくなるが，それだけ基礎地盤に作用する応力は軽減される。

図7.1に，コンクリートダムとフィルダムの代表例を示す。なお，本書では，コンクリートダムの施工に限定して説明する。

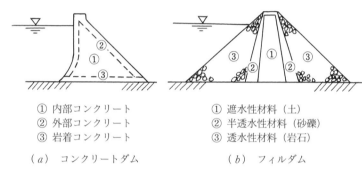

① 内部コンクリート　　　① 遮水性材料（土）
② 外部コンクリート　　　② 半透水性材料（砂礫）
③ 岩着コンクリート　　　③ 透水性材料（岩石）

（*a*）　コンクリートダム　　　（*b*）　フィルダム

図7.1　コンクリートダムとフィルダム

7.1.2　ダム建設にかかわる調査

ダムの建設は，その影響が広範囲に，しかも長期的に及ぶことから，単にそれ自身の建設事業にとどまらず，建設にあたっては，さまざまな問題について調査と検討をしておく必要がある。

調査項目としては，ダムそのものの技術的問題，ダム建設に伴う地域社会的問題，ならびに環境保全にかかわる問題などがあり，ダムの建設技術者は，ダムそのものの計画だけにとどまらず，これらの問題を解決しつつ完成させることが必要である。

まず，ダムの技術的問題にかかわる調査として，天候，気温，降水量などの気象調査，流量や水位などの流量調査，水温や濁度などの水質調査，物理探査

やボーリングあるいは地形図や空中写真などによる地質ならびに地形調査，現地で採取するコンクリート用骨材の調査，およびダムサイトに適したダムの設計や施工法の調査などがある。

また，地域社会的問題にかかわる調査として，ダム建設に伴なう資材や人員の運搬のための輸送関係調査，工事に必要とする工事用水や飲料水などの給水調査，各種の建設機械の動力として活用する電力にかかわる電力調査などがある。

一方，環境保全にかかわる問題については，関係法規として，自然環境保全法，自然公園法，公害対策基本法，大気汚染防止法，水質汚濁防止法など数多くのものがあり，建設技術者はこれらの法規の内容を十分に熟知し，その規制を順守することが求められる。

巨大なダムの出現は，その地域における自然環境や社会環境に多大の影響を及ぼすため，ダムの計画立案の初期段階において，計画地点の十分な環境調査を行っておくことが重要である。

7.2 準 備 工 事

準備工事とは，ダム堤体の本体工事に取りかかるまでに必要とする工事で，資材，人員，骨材などの運搬，および現場作業に必要となる工事用道路，現場事務所，資材置場，倉庫，作業所などの工事用建物，骨材の製造や貯蔵の設備，バッチャープラントやケーブルクレーンなどのコンクリート製造・運搬の設備，電気・給水・通信などの設備，土捨場などがある。

ダム工事は，一般に大規模で長期間にわたるため，施工計画にあたっては，工事に必要な設備や機械の規模を十分に把握して各種設備を適切に配置し，安全で合理的に工事が進められるよう留意する必要がある。

図7.2に，ダム工事における必要な設備の配置例を示す。

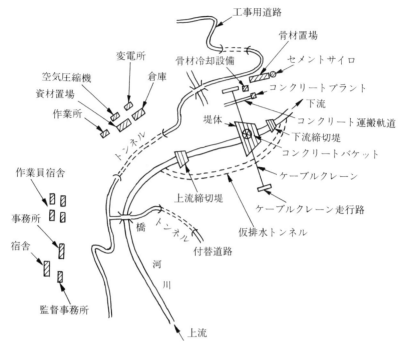

図7.2 ダム工事における各種設備の配置例

7.3 転 流 工 事

　転流工事は，ダムの本体工事を容易に，かつ確実に行うために工事期間中，河川の流れを一時的に迂回させる工事である。この河流処理の方法には，両岸のどちらか一方の山にトンネルを掘削して処理する仮排水トンネル方式，河川の半分を締め切り，工事を交互に進めていく半川締切り方式，および片側の川岸に沿って溝を設置し，工事を進めていく仮排水開渠方式がある。

　これらのいずれの方式を選び河流処理をするかは，河川の幅，流量，ダムサイトの地形，ダムの方式や高さ，施工条件などを考慮して決定する。

　わが国では，比較的川幅が狭く流量が少ないことから，仮排水トンネル方式が多く用いられている。

7.4 基礎掘削と基礎処理

7.4.1 基 礎 掘 削

ダム堤体の基礎掘削には種々の方法があるが，計画掘削線の近くの基礎には
あまり損傷を与えず，しかも大量掘削が可能なベンチカット工法が採用される
場合が多い。

これは，地盤線に沿って階段状に切り下げていく工法で，掘削位置を数ヶ所
に取ることができ，2自由面爆破であるため爆破効果も良く，ずり処理も容易
である。図*7.3*に，ベンチカット工法による基礎掘削の状況を示す。

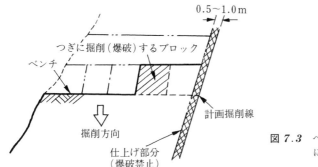

図*7.3* ベンチカット工法
による基礎掘削

なお，爆破による掘削は，仕上げ面近くの0.5～1.0mくらいまでの粗掘削
に対して適用され，計画掘削線近くの地盤は，機械や人力により掘削して地盤
の緩みや亀裂などが生じないように留意する。

7.4.2 基 礎 処 理

ダムの基礎岩盤は，堤体から伝達される力に対して安全であるとともに，貯
水池からの浸透流に対して水密であることが要求される。また，断層や軟弱地
盤などの存在により，過度の変形や湧水が生じてはならない。

このため，ダムサイトの基礎地盤に，このような断層や軟弱部あるいは亀裂
が認められる場合は，前者に対してはコンクリートの置換え，後者に対しては

グラウチング（grouting）による基礎地盤の改良工事が行われる。

　図7.4は，堤体の下流端付近に断層が認められた場合の，コンクリートによる置換え処理の状況を示す。このコンクリートの置換え部分はプラグと呼ばれるが，このプラグの深さはダムの高さ，断層や軟弱部の位置と大きさ，ダム

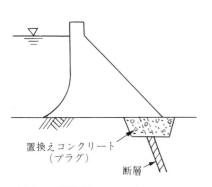

置換えコンクリート
（プラグ）

断層

図7.4　断層部のコンクリートによる
　　　　置換え処理

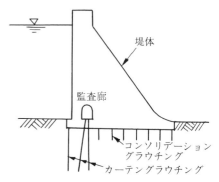

堤体

監査廊

コンソリデーション
グラウチング

カーテングラウチング

図7.5　グラウチングによる基礎処理

コーヒーブレイク

ダムの建設現場は土木工事のデパート！

　ダムの建設現場は，さながら土木工事の一大デパートである。

　まず，ダム周辺部には多くの道路が造られる。この道路には，多くの切土や盛土の土工事，トンネルや橋工事が含まれる。

　そして，コンクリートダムを造るとすれば，例えば図7.2に示したように，コンクリート関連工事として，骨材採取場，骨材製造プラント，骨材置場，骨材冷却施設，コンクリートプラント，コンクリート運搬施設などが準備される。一方，転流工事や発電のための導水トンネル工事も進められる。さらに，堤体の掘削工事およびグラウチング工事も始まる。

　そして，これらの準備がすべて整った後に，堤体のコンクリート打設工事が開始され，このために数多くの機械が使用される。このほかにも，現場事務所や宿舎，電力・給排水施設，修理工場，倉庫など，非常に多くの施設が造られ，このために何十種類もの機械が使用される。

　このように，ダム工事は土木工事の一大デパートともいえるもので，「ダムを制するものは土木を制する」といえるかもしれない。

コンクリートや基礎岩盤の弾性係数などによって決定される。

図7.5に，グラウチングによる基礎処理の一般図を示す。グラウチングには，おもに上流側からの水の浸透を防止するために行うカーテングラウチングと，基礎岩盤の変形性や強度を補強するために行うコンソリデーショングラウチングがある。

これらのグラウチングは，岩盤に多数の穴をせん孔し，その穴を通じてセメントミルクなどを注入して，岩盤内の亀裂に充塡し改良する。グラウチング終了時には，ルジオンテストと呼ばれる透水試験を行い，必要とする透水係数が確保されていることを確認する。

7.5 コンクリートダムの施工

コンクリートダムの堤体の施工方法は，コンクリートの打設の方法によって，**ブロック**（conventional block construction of concrete dam）**工法**，**RCD**（roller compacted dam concrete construction）**工法**などがある。ブロック工法は，ひび割れの発生原因となる水和熱の放熱をより大きくするために，提体をブロック割りで施工する方法であり，RCD工法は，水和熱の放熱をより容易にするために，ダム堤体全面を薄層で施工する方法である。

7.5.1 ブロック工法

〔1〕 **コンクリート** ダムコンクリートに要求される性質としては，フレッシュコンクリートに対してはコンシステンシーおよびワーカビリティーが，硬化コンクリートに対しては水和熱特性，強度，止水性，耐久性などがある。

一般に，ブロック工法に用いられるコンクリートのスランプは，2〜6 cm程度であり，粗骨材の最大寸法は150〜80 mm程度のものが多い。したがって，これらの条件のもと，打込みや締固めがしやすく，しかも分離がなくて水和熱の発生が規定値を満足し，可能な限り単位水量が少ない配合を決定することが重要である。

　このためには，骨材の粒径や粒度分布，適切な空気量や混和材料などを慎重に検討することが必要である。

　また，コンクリートダムはマスコンクリートであり，堤体からの漏水を防止するため，水和熱によるひび割れの発生を防止することがきわめて重要である。このため施工にあたっては，さまざまな施工条件のもとで温度応力解析を実施して，堤体の温度変化によるひび割れが生じないように，使用セメントの種類や量，コンクリート打設温度や1回のブロックの打設高さ（lift：リフト），人工冷却（骨材冷却やパイプクーリングなど）などの温度規制が検討される。

　なお，ダムコンクリートにおいては，一般的に**図7.1**（a）に示すように，岩着部の近くに打設される岩着コンクリートと，堤体の上下流面の表層部に打設される外部コンクリート，ならびに堤体内部に打設する内部コンクリートの3種類のコンクリートが利用される。内部コンクリートは，前2者のコンクリートと比較して，おもに堤体の重量として作用すればよいことと，水和熱を低減させる目的から，比較的セメント量の少ない貧配合のコンクリートが用いられる。

〔**2**〕　**ブロックと継目**　　ブロック工法では，前述したように水和熱の放熱を容易にするため，堤体をいくつかのブロックに分割して施工する。**図7.6**は，重力ダムにおけるブロック工法の一般図を示す。図に示すように，高いダムの底部では横断方向の堤体の幅が厚いので，横断方向に15〜40 m間隔で縦継目を，縦断方向に約15 m間隔で横継目を設け，これらをブロックとして一定期間相互にずらして施工する。

　上流側のブロック相互の横継目には，図（c）の詳細図に示すように，止水板とその背後には排水管が設置され，継目からの水の浸入が防止されるとともに，やむなく浸入した水は排水管を通して堤外に排出される。

　また，堤体の一体性を確保するために，ブロック間には，図に示すように歯形のせん断キーが設けられ，縦継目には最も堤体が収縮した時点でグラウトをすることが義務付けられている。

　一方，横継目は構造上は一体化する必要はないが，縦継目のグラウトを容易にしたり，一層安定性を増すためにグラウトを実施することも多い。

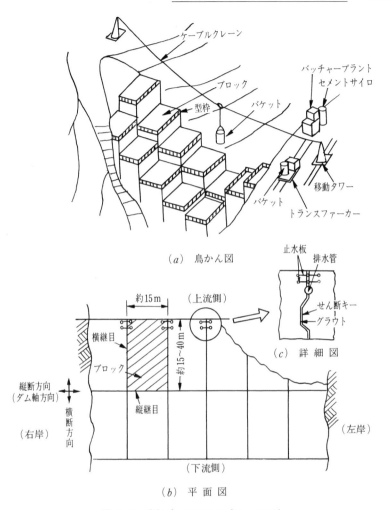

（a）鳥かん図

（c）詳細図

（b）平面図

図 7.6 重力ダムにおけるブロック工法

〔3〕 **コンクリートの打設**　まず，コンクリートの打設に先だって，岩盤表面の清掃を十分に行うことが必要である。浮石や割れ目間の岩片，粘土，グラウト材料など，コンクリートと岩盤の密着を阻害する付着物をワイヤブラシ，ハンマー，ウォータージェットなどを用いて除去および洗浄を行う。

ついで，洗浄した岩盤のくぼみに溜まった水はスポンジやバケツを用いて除

去し，表面を湿潤状態に保ちながらセメントペーストを塗り付けるか，あるいはモルタルを 1.5〜2 cm 程度敷き，その上に岩着コンクリートを敷きならして，人力あるいはバイブロドーザーを用いて締固めを十分に行う。

　なお，コンクリートの打設において，新旧リフト間にできる打継面の処理は，ダムの一体性および止水性に重大な影響を及ぼすので，特に慎重に施工する必要がある。

　すなわち，コンクリート表面は弱いモルタルやレイタンスが覆うので，表面がまだ硬化しきらないうちに（温度によっても異なるが，打設約 6〜12 時間後）圧力水や回転式電動ブラシなどを用いて，表層の軟弱モルタルを約 1.5 cm 程度削り出し，粗骨材の一部を露出させるとともに洗浄して粗面とする。このような作業をグリーンカットという。

　このグリーンカットにより処理された粗面に対して，岩着コンクリートの場合と同様に，敷モルタルおよびコンクリートを敷きならした後，バイブロドーザーによって締固めを行う。

　なお，コンクリートの打設は，一般に図 7.7 のように行う。この場合，特に型枠近くの締固めを十分に行って，新旧コンクリートの一体性と止水性を確保することが重要である。

　このような作業を繰り返して，ダムの天端までコンクリートを打設する。

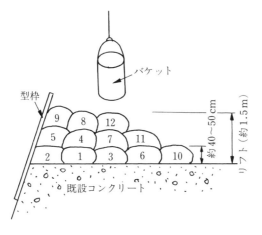

図 7.7　コンクリートの打設
　　　　順序（バケット打設時）

　なお，暑中に打設するコンクリートに対して，温度規制を満足できなくてひび割れの発生が心配される場合には，骨材や練混ぜ水を冷却してコンクリートの温度を下げたり，パイプクーリングを実施したりする。

　ここで**パイプクーリング**（pipe-cooling）とは，あらかじめコンクリートの内部にパイプを埋設しておき，コンクリートの硬化時にパイプ中に冷却水を通して水和熱による発熱を除去し，コンクリートの温度変化を減少させて，ひび割れを抑制する方法である。

〔**4**〕**型　枠**　　ブロック工法におけるコンクリートの打設は，一般に，前述したような縦および横の大きさで，高さが1.5 m前後のブロックごとに行われ，型枠としては鋼製のスライドフォームが使用される。このスライドフォームは，**図7.8**に示すように，縦ばたを通してカンチレバー方式でシーボルトにより既設コンクリートに固定される。型枠の移動は，シーボルトとダミーボルトをはずし，ある一定の長さの型枠全体をクレーンでつり上げ上方に移動させる。

　なお，近年，リモートコントロール方式によるダム用自動型枠が開発され，ダム施工の効率化と安全性の向上に大きく貢献しているものもある。

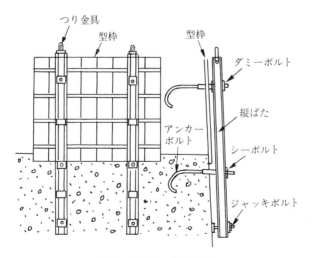

図7.8　型枠の固定方法

〔**5**〕　**監　査　廊**　　ダムの内部には，完成後の監査，各種の測定，堤体および基礎の排水，グラウト作業などのために，掘削線近くの堤体内に下段監査廊を，あるいは提体中間部に中間監査廊を設置する。

監査廊の大きさは，その目的により異なるが，下段監査廊はボーリングやグラウト作業を考慮して，高さ 2.5 m×幅 2.0 m くらいの例が多い。また，断面形状は従来半円形断面のものが一般的であったが，近年では施工性の関係から角形断面のものも用いられる。

7.5.2 RCD　工　法

〔**1**〕　**RCD 工法の特徴**　　RCD 工法は，前述したように，ダム全面にわたり一様な層厚で打設するレアー工法の一つである。使用するコンクリートは，発熱を抑えるために極力水を減らした超硬練りコンクリートであり，打設後は振動ローラーによって締め固める。

このように，振動ローラーで締め固め，ダムに用いられるコンクリートであることから，RCD（roller compacted dam）コンクリートと名付けられ，この施工法によって建設されたダムを RCD と呼んでいる。

RCD 工法は，従来のコンクリートダムの施工法に，フィルダムの施工法の合理的な面を取り入れた施工法であり，RCD コンクリートはつぎのような特徴を有している。

① 超硬練りで貧配合の水和熱の発生が少ないコンクリートである。

② 型枠の設置による収縮目地は設けない。

③ コンクリートの打設は，堤体の全面にわたって連続的に施工するレアー方式である。

④ バッチャープラントから打込み面までの主として鉛直方向の運搬は，トランスファーカー（軌道式運搬装置）やインクライン（傾斜式運搬装置）によって行い，打込み面の主として水平方向の運搬は，一般にダンプトラックやベルトコンベアなどを用いて行う。

⑤ コンクリートの締固めは，フィルダムの締固めに使用されるものと同様

な自走式振動ローラーによって行う。

⑥ 1リフトの高さは，コンクリートの水和熱の発散および締固め効果など
を考慮して，50〜100 cm 程度を標準とする。

⑦ 温度応力によるひび割れを防止するため，振動目地切機を用いて堤体内
に目地を設置する。

⑧ パイプクーリングによる温度規制は行わない。

なお，わが国では，RCD 工法においても，ダム堤体の上下流面近くの外部
コンクリートには，有スランプの通常のダム用コンクリートが使用される。

図 **7.9** に，RCD 工法の施工例を示す。

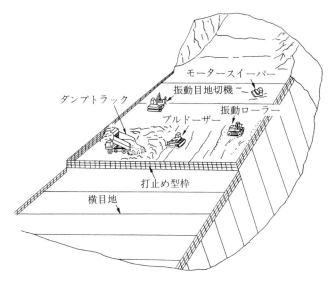

図 **7.9** RCD 工法の施工例

〔**2**〕 **RCD の施工**　　バッチャープラントから打込み箇所までの運搬は，
前述したように種々の方法があるが，インクラインとダンプトラックを活用す
る場合が多い。

荷卸しされたコンクリートはブルドーザーなどを用いて，1リフト
（50〜100 cm 程度）を3〜4層に分けて敷きならし振動ローラーで締め固める。

なお，堤体内に発生する温度応力によるひび割れを防止するために，収縮目

地としてダム軸と直角方向に横目地を設ける。この横目地は，コンクリートを敷きならし後，振動目地切機を用いて約 15 m 間隔に設置する。この横目地の目地板には，一般に亜鉛引き鋼板が使用される。なお，通常は縦目地を設けない。

　各リフトの打継目は，構造の一体性と止水性を確保するため，ブロック工法の打継目の処理と同様に，軟弱なモルタルやレイタンスの処理を慎重に行う。そして，新コンクリートを打設する場合は，コンクリートの表面を十分に吸水させ，表面の余分の水を除去した後，1.5 cm 程度のモルタルを敷きならし，その上に RCD コンクリートをブルドーザーで敷きならして，振動ローラーで締め固める。

　このような工程をダムの天端近くまで繰り返し，上部に外部コンクリートを打設してダムを完成させる。

演　習　問　題

【1】　コンクリートダムとフィルダムの違いについて説明せよ。

【2】　ダム建設の準備工には，どのようなものがあるか。箇条書きに示せ。

【3】　ダムサイトの基礎地盤における下記の改良工事について説明せよ。
　　　（1）　置換え処理
　　　（2）　カーテングラウチング
　　　（3）　コンソリデーショングラウチング

【4】　コンクリートダムにおけるブロック工法と RCD 工法の違いについて説明せよ。

【5】　コンクリートダムの打継目の施工上の留意点について述べよ。

【6】　コンクリートダムに関する下記の語句を説明せよ。
　　　（1）　リフト
　　　（2）　温度規制
　　　（3）　継目

8

施 工 計 画

　目標とする構造物を設計図書に基づき，決められた工事期間内に最少の費用で，しかも安全に施工するために，その条件と方法を生み出す計画をたてることを施工計画という。本章では，この施工計画のたて方について学ぶ。

8.1　施工計画の基本事項

8.1.1　施工計画の目的

　施工計画の目的は，前述したように，対象とする構造物を品質が良くて，早く，安く，しかも安全に完成させることである。

　施工計画は，設計図書に基づいて，工事のやり方と順序などを，十分な予備調査により慎重に決める必要がある。また，工事の進行の各段階において，計画通りに実施されているかどうかをつねに管理しながら，必要に応じて適切な是正処置が取れるように準備しておかなければならない。

　また，発注者が指定する品質，精度，機能を満足させるために，施工計画の立案時には発注者側と十分に協議して，その意図するところを確認して計画することが必要である。

8.1.2　施工計画の立案時の留意事項

　一般的に，設計図書には完成後の構造物の形状，寸法，品質などは明示されているが，これらの造り方や順序までは，ほとんどが示されていないのが普通である。すなわち，工事のやり方や手順などについては施工者に任されている

場合が多く，自らの技術と経験をもとに慎重に検討して，決定しなければなら
ない。

施工計画の立案にあたって，特に注意して検討すべき項目は，以下のような
ものである。

① 発注者から指示された契約の条件

② 現場における工事の制約条件

③ 工事全体の工程

④ 施工方法および施工の順序

⑤ 施工機械および設備の選定

⑥ 仮設備の設計と配置計画

これらの各項目を慎重に検討して施工計画の基本方針を決定し，いろいろな
事態に対応できるように計画をたてておくことが，工事を成功させるうえで重
要である。

また，施工計画をたてる場合の留意事項を示すと，以下のようである。

① 施工計画は，複数の案をたて，経済性，施工性，難易度などを比較検討
し，最も適した案を採用する。

② これまでの同種工事の資料をできる限り多く集め，計画の参考とする。
また，新工法についても合わせて検討し，優れた工法があれば採用ある
いは改良の参考とする。

③ 施工計画の検討は，現場技術者のみならず全社的な技術水準で検討す
る。また，必要があれば研究機関に相談し，技術的指導を受ける。

④ 発注者から指示された工程が，資材，労務および使用機械などから考え
れば，施工者にとって必ずしも最適な工程になるとは限らない。したが
って，所定の品質を確保しつつ，より経済的で安全性の高い工程を検討
することも重要である。

8.2 施工計画の立案の手順とその内容

施工計画をたてる手順とそのおもな内容について示すと，以下のようである。

8.2.1 事 前 調 査

建設工事は，異なる場所や種々の環境条件のもとに，発注者の指定する所定の品質と機能を有する構造物を施工するものであり，それぞれが新しい工事であって，その工事に最も適した施工方法を選定しなければならない。

そして，工事は自然を相手に行うものであり，現場の自然条件や立地条件を事前に十分調査し，これらの結果を盛り込んだ施工計画をたてることが，適正な工事価格の見積りや工事を成功させるうえでもきわめて重要となる。

事前調査は，以下のようなものについて行う。

〔*1*〕 **契約条件，設計図書および仕様書の検討** まず，事前調査は契約条件の内容の検討から始める。そして，工事内容を理解するために，設計図書および仕様書をよく検討し，どこに，どのような品質のものを，いつまでに，いくらで，いくつ作るかを十分に理解しておくことが必要である。

そして，疑問点がある場合は，工事を着手する前に発注者と打ち合わせをして，相互に理解しておくことが重要であり，できれば文書で交換をしておくべきである。

〔*2*〕 **現場条件の実施調査** 現場の諸条件は，施工技術，工程，原価など施工計画全般に重大な影響を及ぼすものであるから，必ず現地において下記に示すような項目について調査を行い，現場条件に最も適した計画をたてることが大切である。

① 地形，地質，土質，水文，地下水などの自然条件の調査

② 現地用地および周辺の状況，地下構造物，交通，公害発生などの調査

③ 施工法，施工機械，仮設規模およびその配置などの施工技術の調査

④　用地周辺の交通状況，通信，給排水，電力施設，事務所用敷地などの調査
⑤　労務の供給，労務環境，賃金などの調査
⑥　建設廃棄物の処理条件
⑦　文化財の有無

8.2.2　施工技術計画

　工事のやり方を決定し，これに基づいて作業日数や工費などを算出し，所定の工期内に全工事が終了するように計画することを施工技術計画といい，施工計画の中でも重要な計画である。

　この計画のおもなものは，以下のようである。

1）作業計画　　事前調査の結果を参考に，対象とする工事の作業の種類（工種）とその施工順序および施工方法などを決定する。施工方法には，いろいろな方法がある場合が多いので，現場条件，施工の難易度および経済性などを比較検討して，最も適切な方法を選定する。

　　ついで，各工種ごとの作業量と作業日数を求め，工費を算出する。

　　また，作業量や現場の条件を考え，それぞれの工種に最も適した使用機械やその組合せを決定し，これらをどのように配置し作業させるかを計画する。

2）工程計画　　計画された工事が，予定された工期内に終了するように，作業の工程を計画することを工程計画という。工程計画をたてるにあたっては，上記の作業計画で決定した施工順序，施工方法，施工期間などを考慮のうえ，全工程期間内の忙しさがなるべく等しくなるように工夫する。

　　そして，工程計画がまとまれば，これを図表化して各種の工程表を作成し，実施と管理の基準として使用する。

8.2.3　仮設備計画

　仮設備とは，計画された構造物を建設するために必要な工事用施設のことで，この施設の建設のために行う工事を仮設備工事という。一般に，この仮設

備は，目的とする構造物の工事が終了すると撤去されるものである。

この仮設備工事は，本工事と異なって施工者に工夫と改善の余地が残されている場合が多く，仮設備の設計とその配置計画にあたっては，必要で無駄がなく，しかも安全な施設となるように留意することが大切である。

仮設備工事には，本工事を行うために必ず必要とする施設を提供する直接仮設工事と，本工事を行うために支援する施設を提供する間接仮設工事がある。

1）直接仮設工事

① 運搬用施設：工事用道路，工事用軌道，索道，クレーン，ベルトコンベアなど

② 荷役設備：フィーダー，ホッパー，シュート，荷役用桟橋など

③ 支保工足場：支保工を施工するための足場

④ コンクリート製造設備：バッチャープラント，骨材置場，セメントサイロ

コーヒーブレイク

施工計画が一番！

施工計画は，構造物を造るにあたり，数ある業務の中でもきわめて重要な業務である。

まず，工事を受注するためには，的確な施工計画をたてることが必須条件となる。おおまかな見積りでは受注できても赤字工事になることもあり，逆に慎重になり大きく見積もりすぎては受注できない。このため，受注に際しては会社全体の技術や知識，あるいは新技術などを最大限活用して見積もり，入札することが必要である。

一方，受注後も施工計画を見直し一層の工夫と改善を加えて，利益，品質，安全などを確保することが重要である。施工計画は，いろいろな施工法のシミュレーションであり，これが的確なものは，十分な品質と適正な利益を確保しつつ，工期内に工事も無事終了することができる。

図 **6**

⑤　電力・給排水・通信設備など

⑥　換気・排気設備など

2）　間接仮設工事　　現場事務所，宿舎，倉庫など

8.2.4　調 達 計 画

工程計画に基づいて工事が遅滞なく進行できるように，綿密な各種の調達の計画をたてることを調達計画という。このおもなものは，以下のようなものである。

1）　労 務 計 画　　工程計画に合わせて，各工種の作業に必要な人員の計画をたてることを労務計画という。計画にあたっては，各作業ごとの職種，人数，時期および期間などを明確にするとともに，他作業との関連も考えながら，できる限り人数の大きな変動がないように留意する。また，有資格者や経験者の確保にも努める。

2）　機 械 計 画　　工事の進行に合わせて，必要な施工機械の使用計画をたてることを機械計画という。各工種ごとに，機械の種別，規格，台数，期間を決定し，使用機械計画表として一覧表にする。

3）　資 材 計 画　　工事で必要となる資材について，購入，保管，使用に関する業務計画を資材計画という。工事の進行に合わせて，各工程ごとに必要とする資材について，種類，規格，数量および時期などを明確にして，資材使用計画表を作成する。特に，資材の購入にあたっては，工事が遅滞することのないように，タイミングのよい適量の購入を原則とするが，場合によっては，経済性の面から一括購入も検討する。

8.2.5　管 理 計 画

計画した工事が所定の品質や工期，ならびに適正なコストを確保しながら，安全に，しかも公害問題などが生じないように，各種の管理の計画をたてることを管理計画という。このおもなものには，以下のようなものがある。

1）　現場管理組織計画　　施工計画に従って，工事を行うための施工体制を

示す現場管理組織図（**図1.2**）を作成する。これは，各所員の担当業務とその責任と権限を示すもので，工事を円滑に進めるうえで重要であり，各所員の経験や適性などを考慮して決定される。

2）原価管理計画　これは，実行予算として施工計画に基づき原価の面から検討したものであり，原価を管理するうえで目標となるものである。すなわち，原価管理計画は，種々の工事をいくらで，どのように実施すべきかを示したものであり，これを実態価格と合わせ着実に実行することによって，初めて適正な利益が確保される。

3）資金計画　工事代金の収入と支出の関係について計画をたて，資金の調達と利益金を把握することを資金計画という。一般に，発注者からの工事代金は，着工時のほか，その後，数回に分けて支払われる場合が多いが，材料費，機械費，労務費などは毎月ごと，あるいは手形で支払うのが普通である。

　したがって，適正な利益を確保し資金不足が生じないようにするために，工事計画に基づいて収入と支出計画，ならびに必要に応じて借入計画を綿密にたてることが必要である。

4）品質保証計画　施工者は，施工する構造物に対して，発注者が設計図書で要求する品質を満足させるために，必要に応じて発注者と打合せを行い，その規格値を明確にして，所定の構造寸法や強度などが得られるように施工することが肝要である。

　そのために，各工程の管理項目ごとに管理基準を設定し，全体として所定の品質が得られるように品質保証計画をたてることが必要である。

5）安全衛生管理計画　工事の着工から完成までの全期間を通して，無事故・無災害で工事を施工することが強く求められる。建設工事は，自然を相手とし現場条件などもそれぞれ異なるものであり，他産業に比べて災害率も高くなっている。施工にあたっては，工種ごとに特に注意すべき作業項目を抽出し，それぞれについて十分な安全対策をたてる。そして，安全衛生管理組織を編成し，日常的な安全点検を実施して災害を未然に防止す

るように慎重な計画が要求される。そして，計画にあたっては，労働安全衛生法のほか，**表8.1**に示す建設工事の関係法規を考慮して計画をたて

表8.1 建設工事の関係法規

法　　律	政　　令	省 令 ・ 規 則
労働基準法		労働基準法施行規則 年少者労働基準規則 女子労働基準規則 事業附属寄宿舎規則 建設業附属寄宿舎規程
労働安全衛生法	労働安全衛生法施行令	労働安全衛生規則 クレーン等安全規則 ゴンドラ安全規則 ボイラーおよび圧力容器安全規則 高気圧作業安全衛生規則 酸素欠乏症等防止規則 事務所衛生基準規則 安全衛生関係機械等検定規則
道 路 法	道路法施行令 道路構造令 車両制限令	道路法施行規則 道路構造令施行規則 車両の通行の許可の手続等を定める省令
河 川 法	河川法施行令	河川法施行規則
廃棄物処理法		
再生資源利用促進法		
水質汚濁防止法		
道路交通法	道路交通法施行令	道路交通法施行規則 道路工事保安施設設置要領
ダンプ規制法		
港 則 法		港則法施行規則
港 湾 法		
火薬類取締法	火薬類取締法施行令	火薬類取締法施行規則 火薬類運送規則
騒音規制法	騒音規制法施行令	騒音規制法施行規則 （都道府県条例）
振動規制法	振動規制法施行令	振動規制法施行規則 （都道府県条例）

　※　建設副産物適正処理推進要綱

　※　建設工事公衆災害防止対策要綱（土木工事編）

※　法律ではなく指導的規則

ることが必要である。

6） 環境保全計画　　建設工事における環境問題には，現場および近隣地区
　への自然環境破壊問題と公害問題がある。前者には，掘削に伴う隣接地へ
　の影響，自然生物への影響，樹木の伐採，土砂や排水の流入などの問題が
　あり，後者には，騒音，振動，煤煙，粉塵，水質汚濁などの問題がある。

施工にあたっては，これらについて十分に検討し，その発生が心配される問
題に対しては事前に周到な環境保全計画を検討しておくとともに，必要な場合
には即時に対処できるように準備しておかなければならない。

以上の施工計画作成のフローを**図8.1**に示す。

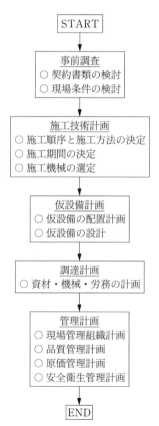

図8.1　施工計画の
作成フロー図

演　習　問　題

【1】 施工計画をたてる場合，必要となる現場条件の調査項目を五つ挙げよ。

【2】 施工計画をたてる場合，検討すべき主要な項目を五つ挙げよ。

【3】 つぎの計画をたてる場合，必要となるおもな項目を挙げよ。
　　　（1）　施工技術計画
　　　（2）　調達計画
　　　（3）　管理計画

【4】 設計図書にはどのようなものがあるか。その名称を挙げよ。

【5】 建設工事の施工に関連する法規にはどのようなものがあるか。その名称を記せ。

9

施 工 管 理

施工管理とは，目標とする構造物を施工計画に基づいて所定の工期内で，所要の品質を確保しながら，しかも，できる限り経済的に，かつ無事故・無災害で工事を完成させるように計画・管理することである。本章では，この施工管理の内容とその方法について学ぶ。

9.1 施工管理の概要

9.1.1 施工管理の目的

施工管理の目的は，発注者から請け負った工事をより早く（工程），より良く（品質），より安く（原価），しかも無事に（安全）施工することである。

すなわち，施工管理では，**工程**（process），**品質**（quality），**原価**（cost）および**安全衛生**（safety）の4大管理が中心となるが，このほかに労務管理や環境保全管理がある。

そして施工においては，この目的を達成するために，労務，施工法，資材，機械および資金の5大生産手段を適切に選択し活用することが必要である。

9.1.2 施工管理の組織

建設工事の推進にあたっては，上記の施工管理の目的を十分に達成するために，現場で働く多くの人々の力を目標に向かって集中させることができ，しかも，円滑な工事運営が可能となる施工体制，すなわち施工管理組織を作ることが肝要である。そして，その組織には，各所員の業務内容，責任および権限が

明確化され，指令系統が一元化されていることが必要である。

工事現場の施工管理組織の例を**図 *1*.*2*** に示したが，実際の施工管理にあたっては，むやみにセクショナリズムになることなく，現場所長の統制のもと，弾力的に業務を行うことも必要である。

9.*1*.*3* 4 大 管 理

施工管理に必要な 4 大管理の概要は，以下のようである。

1） 工 程 管 理　　実際の工事が施工計画に基づいて最も合理的かつ経済的に，しかも予定された工程通りに進行しているかどうかを確認しつつ，工事全体を統制し進めていく管理をいう。一般には，横線式工程表やネットワーク式工程表などを用いて管理する。

2） 品 質 管 理　　実際に施工する構造物が，設計図書に示されている所定の品質を確保されるように行う管理をいう。一般にはヒストグラムや管理図を用いて行われる。

3） 原 価 管 理　　建設工事をより経済的に進めるために，材料費，労務費，機械費などを詳細に記録し，実際原価と予定原価（実行予算）と比較検討してその差を見いだし，これを分析・検討して適時適切に処置をし，損失を生じないように行う管理をいう。近年では，この原価管理にはパソコンが広く利用されている。

4） 安全衛生管理　　建設工事によって，労務者や近隣住民に労働災害や事故が起こらないように，現場の安全を確保するために行う管理をいう。

　　　残念ながら，建設工事における災害や事故は全産業の中で最も多い。この原因は後述するように数多くあるが，今後，これらの災害や事故の防止に努め，作業環境の改善を積極的に図っていくことは建設業者の社会的責務である。

これらの 4 大管理は，それぞれ個別に機能するものではなく，工事の管理という枠内で相互に関連性がある。

例えば，工程，品質，原価の間には，**図 *9*.*1*** に見られるような関係があ

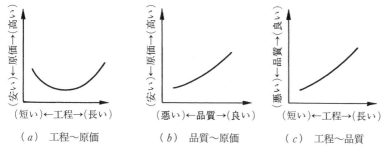

図 9.1　工程・品質・原価の関係

る。すなわち，つぎのような特性を持つ。

① 施工速度を遅らせても，逆に早めても原価は高くなる。一般に，原価が最も小さくなる最適な施工速度が存在する。

② 一般に，品質が良いと原価は高くなり，逆に悪いと原価は安くなる。

③ 品質を良くしようとすると工期は長くなり，逆に悪くすると工期は短くなる。

また，安全と工程，品質および原価の間には，つぎのような関係がある。

一般的には，安全の質を落とせば工期が短くなり，原価も下がると思われがちであるが，実際はその逆である場合が多い。すなわち，安全を軽視すれば，ややもすると事故を起こし，これによる被害が大きくなる。また，安全軽視は，品質の低下を招きがちであり，ときとして造り直しを余儀なくされ，原価の増加となる。

このような事象が，建設工事現場において**安全第一**（safety first）が叫ばれるゆえんである。

9.1.4　施工管理のサイクル

施工管理においても，業務を効率良く進めるために，管理活動に多用されているデミングサークルを繰返し活用することが多い。この管理手順は，**図 9.2** に見られるように以下の順序で行い，必要に応じて何回も繰返し実施して，作業効率を高めていくものである。

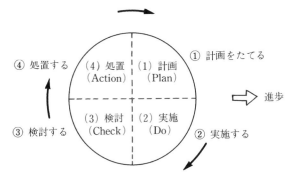

図 9.2　施工管理の手順（マネジメントサイクル）

① 計画をたてる。

② 計画に基づいて実施する。

③ 結果と計画を比較検討する。

④ 計画から，はずれていれば適切な処置を取り，さらに必要であれば当初
　の計画を修正する。

　すなわち，このような「計画→実施→検討→処置」の管理の循環活動を**マネ
ジメントサイクル**（management cycle）と呼び，建設工事における施工管理
の基本的な一連の手順となっている。

9.2 工 程 管 理

9.2.1　工程管理の意義

　実際に建設工事を実施していく段階において，施工計画で予定した計画工程
と実際に進行している実施工程との間になんらかの原因で，両者の間にずれが
生じる場合がある。このような場合，できる限り速やかにその原因と改善策を
見いだし対策を講じることによって，工事が計画どおりに進行するように管理
するのが工程管理の目的である。

　改善策を見いだすためには，生産の五つの手段である労務，施工法，資材，
機械および資金のあらゆる面から検討することが必要である。そして，その原

因がわかったときは，速やかにその原因を取り除くか必要な箇所を修正して，実施工程が計画工程を幾分上回るように管理することが望ましい。

　しかし，実施工程が計画通りに進行せず計画工程よりも遅れた場合は，突貫工事も余儀なくされ，原価の高騰を招くほか，品質の低下や安全の確保が難しくなりやすいため，施工管理の中でも工程管理はきわめて重要な管理となる。

9.2.2　工程表の種類

　工事の実施工程が計画工程に沿って進んでいるかどうかを，わかりやすく示したものが工程表である。工程表は，各工程の施工順序と作業日数がわかりやすく表示され，さらに予定と実績の比較がリアルタイムにできるようにする必要がある。

　工程表には，横線式工程表，曲線式工程表，ネットワーク式工程表があり，それぞれ以下のような特徴を有している。

〔**1**〕　**横線式工程表**　　横線式工程表には，ガントチャートとバーチャートがある。

　ガントチャートは，**図 9.3** に示すように，縦軸に作業名をとり，横軸に各

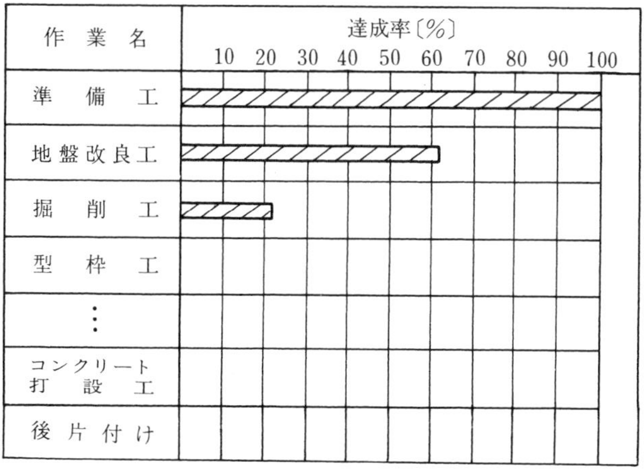

図 9.3　横線式工程表の例（ガントチャート）

作業の達成率を棒線で示した図表である。作成が非常に容易であり，しかも，各作業の進行状況がわかりやすいが，各作業の所要日数，各作業の関連性，重点管理工程などが明確でない。

一方，バーチャートは，**図 9.4** に示すように，縦軸に作業名をとり，横軸に各作業に必要な予定日数と実際の実施状況を，合わせて棒線で示した図表である。ガントチャートの欠点である各作業の所要日数や各作業の関連性はある程度改善されるが，重点管理工程が明確ではない。

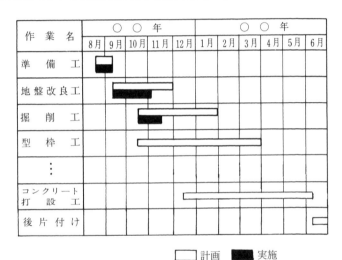

図 9.4　横線式工程表の例（バーチャート）

〔**2**〕　**曲線式工程表**　　曲線式工程表は，**図 9.5** に示すように，縦軸に出来高累計をとり，横軸に時間（日数，週数，月数など）をとり，施工量の時間的変化を示したものである。この曲線は，一般的に S 字形になり，管理すべき範囲を示す上下の工程管理曲線（これはバナナ状なので，一般的に，バナナ曲線といわれる）の中に入るように施工速度の管理に使用される。

〔**3**〕　**ネットワーク式工程表**　　ネットワーク式工程表は，横線式工程表や曲線式工程表では，一つの作業の遅れがほかの作業や全体の工期に及ぼす影響を，素早く，的確に理解することが難しいのに対して，これが可能なことが大

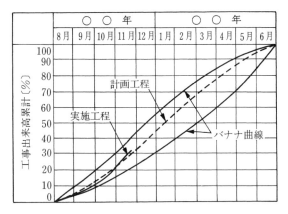

図 **9.5** 曲線式工程表の例

きな特徴である。また，数多い作業の中で，どの作業が全体の工程に支配的に
影響し，時間的に余裕のない経路（critical path：クリティカルパス）である
かも知ることができる。

　したがって，施工上の重点となる作業を決定したり，また，やむなく工事が
遅延した場合には，どの作業をどのように早めたらよいか，どの作業はその必
要はないかなど，的確な判断を下すことが可能であり，合理的に工程の短縮を
図ることができる。

　図 9.6 は，例として鉄筋コンクリート擁壁のネットワーク式工程表を示し
たものである。なお，図中の記号などは**図 9.7** に示すような意味を表してい
る。

　以上の結果をまとめて比較すると，**表 9.1** のようである。各工程表には
種々の特徴があり，工程管理のポイントをどこにおくかによって，最適なもの

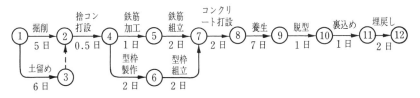

図 **9.6** ネットワーク式工程表の例

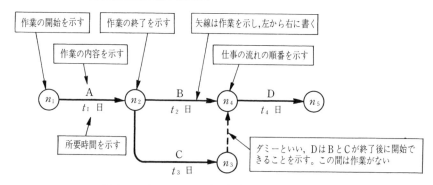

図 9.7　ネットワーク式工程表における記号の意味

表 9.1　各種工程表の比較

比 較 項 目	ガントチャート	バーチャート	曲　線　式	ネットワーク式
① 作成の難易度	○	○	△	×
② 作業の手順	×	△	×	○
③ 作業の所要日数	×	○	×	○
④ 作業の進行状況	○	○	○	○
⑤ 工程に影響する作業	×	×	×	○

〔注〕　○：判明（容易），△：少し判明（少し困難），×：不明（困難）

を選ぶ必要がある。

　上述したように，工事遅延などの分析にはネットワーク式工程表が優れており，近年では基本工程表として採用される場合が多くなっている。さらに，ネットワーク式工程表を適用することにより，必要とする資材の最も経済的な利用計画の立案や，出来高および損益に関する計画や管理までが可能であり，パソコンを使用してシステム的に実施することもできる。

9.3　品　質　管　理

9.3.1　品質管理の意義

　施工者は，発注者が設計図書および打合せなどで要求する各種の品質に対して，これを十分に満足するように方針や計画をたて，組織を作って着実に実行

するとともに，必要に応じて適切な修正や改善を加え，完成した構造物が所定
の品質を確保できるように，**品質管理**（quality control：QC）を行う必要が
ある。

　そして，このような品質管理によって，発注者に構造物に対する安心感と満
足感を持ってもらう品質保証をするとともに，合わせて手直しなどによる無駄
が出ないように，最も経済的に施工することが品質管理の意義である。

　品質管理の実行に際しては，企画，調査，設計，施工および保全の各段階に
おける各担当部署の役割と責任が明確になっており，それぞれの部署におい
て，所定の品質管理を確実に実施することが要求される。

9.3.2　品 質 保 証 計 画

　品質管理における施工段階の役割は，要求される品質を満足する構造物を製
作することであり，そのためには発注者から要求される品質を明確にし，その
品質を確保するための作業工程を明確にすることである。

　一般に，発注者が構造物の品質に対して規定する基準値としては，以下のよ
うなものがある。

1）品 質 基 準　　工事材料および対象構造物の品質に対する規定

2）出 来 形 基 準　　対象構造物の形状や寸法に関する精度規定

3）品質管理基準　　品質基準で示す品質を確認するための，施工過程にお
　　　ける試験および検査（管理内容，管理方法，測定頻度，結果のまとめ方な
　　　ど）の規定

4）出来形管理基準　　出来形基準に規定された精度を確保するために，施
　　　工過程で実施される日常管理（測定方法，測定頻度，結果のまとめ方な
　　　ど）の規定

施工者は，このような品質に対する各種の基準を，提示された設計図書あるい
は不明確な場合は発注者と十分に打ち合わせて，要求される品質としてまと
める必要がある。

　要求される品質がまとまれば，つぎに，これらの品質を満足させる品質保証

計画を作成する。この場合，管理項目・検査項目一覧表や，QC工程図がよく利用される。

　前者は，要求される品質項目に対して，施工段階においてどのような管理項目を用いて構造物を製作し，どのような検査項目を用いてその品質の確認を行うかなどを明確に示したものである。

　また，後者は，前者よりもさらに細かく，すなわち工事の中で重要な各作業ごとに，管理項目とその方法，異常発生時の処置，検査項目，規格値，検査方法などを示したものである。

9.3.3　品質管理の方法

　施工段階の品質管理は，前述したように，一般的に「計画→実施→検討→処置」のマネジメントサイクルで行われるが，より具体的に述べると，以下のようである。

1）第1段階（計画）　　まず，対象とする品質に対して，どのような試験や検査で調べるかを決定する。

　　ついで，品質評価の目印となる品質の規格値（管理限界値）を決定する。規格値は，許容できる品質の限界値を与えるもので，大きいほうの規格値を上限規格値（上方管理限界値），小さいほうの規格値を下限規格値（下方管理限界値），中心の規格値を規格中心値（管理の中心となる値）という。

2）第2段階（実施）　　第1段階で決定された規格値，使用材料，作業方法，管理方法などに定められた基準に従って，作業を実施する。

3）第3段階（検討）　　完成した構造物が，要求される品質に合致しているかどうかを検査する。検査の結果，多くのデータが存在する場合は，つぎに述べる統計的手法を用いて解析と検討を行う。

4）第4段階（処理）　　第3段階の検討の結果，工程が不安定で要求される品質に合致しない場合はその原因を追及し，除去する処置をとる必要がある。処置した結果，工程が安定し品質が満足されるようになったなら

ば，この結果をさらに第1段階に反映させて検査方法や規格値などを改訂
した後，以下同様の手順で実施する。

9.3.4 **統計的な品質管理手法**

品質管理においては，品質変動の特性を把握する統計的手法として，一般的
にはヒストグラムや管理図が，簡易な方法として，品質の中心的な値やばらつ
きの特質を用いる方法が活用されている。これらについて，以下に説明する。

〔*1*〕　**ヒストグラムを用いる方法**　　ヒストグラムとは，集団としての品質
の代表値やばらつきの特性を知るために適する方法であり，データの存在する
範囲をいくつかの区間に分け，各区間に属するデータの度数をグラフ化したも
のである。

一般に，ヒストグラムは以下の手順で作成される。

①　データ（χ_i）をできる限り多く集める。

②　データの中から最大値（χ_{max}），最小値（χ_{min}）を求める。

③　全体の範囲，$R = \chi_{max} - \chi_{min}$ を求める。

④　区間の幅を決める。

　　一般に，10等分の値に近い適当な値をとる。

⑤　各区間ごとにデータを割り振る。

　　この場合，区間の境は測定値末位の数の半単位で区切るとよい。

⑥　各区間の中央値を求める。

⑦　度数分布表を作成する。

⑧　上記をもとに，度数を縦軸にデータ区間を横軸にとり，ヒストグラムを
　　作成する。

このようにして作成したヒストグラムの例を，**図 *9.8*** に示す。図の（*a*）
は良い管理状態にある場合，（*b*）〜（*d*）は悪い管理状態にある場合の例であ
る。

ヒストグラムは作成も簡単であり，品質のばらつきも理解しやすいことから
多く用いられる。これを見るときは，多少の「デコボコ」は問題にせず，全体

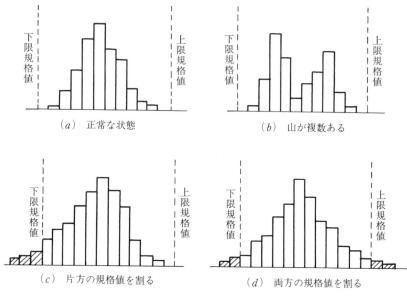

（a） 正常な状態

（b） 山が複数ある

（c） 片方の規格値を割る

（d） 両方の規格値を割る

図 **9**.**8**　ヒストグラムの例

の形に着目するほか，以下のような点に留意する。

① 　上限，下限の規格値内にあるか。

② 　分布の位置は適切であるか。

③ 　分布の幅は適切であるか。

④ 　飛び離れたデータはないか。

⑤ 　分布の左右のどちらかが絶壁形となっていないか。

⑥ 　分布の山が二つ以上ないか。

　以上のような点に注目しながら品質全体の規則性をつかみ，問題がある場合は原因を追及し，ただちに改善策を考え処置する。また，これを用いてさらに進んだ作業のやり方や，品質向上に結び付けることができる。

〔**2**〕 **管理図を用いる方法**　　管理図は，工程の安定度を把握したり，あるいは工程の安定化を図るために用いられ，管理限界線の記入されたグラフの中に，統計的に処理されたデータをプロットして作成される。

　一般に，管理図（$\bar{x}$-R 管理図）は，以下のようにして作成される。

① データを収集し，合理的な群（例えば，時間ごと，半日ごと，日ごとなど）に分ける。なお，1群に含まれるデータの数は，4～5個程度がよい。

② 群ごとの平均値 $\bar{x}_i$（i：群の番号）を計算する。

③ 群ごとの範囲，$R_i = \chi_{max} - \chi_{min}$ を求める。

④ 総平均値，$\bar{x} = (\bar{x}_1 + \bar{x}_2 + \cdots + \bar{x}_K)/K$ を求める。

　　ここで，K：群数である。

⑤ 範囲の平均，$\bar{R} = (R_1 + R_2 + \cdots + R_K)/K$ を求める。

⑥ 管理線の計算をする。

　　$\bar{x}$ 管理図と R 管理図の両方に対して，中心線（CL），上方管理限界線（UCL），下方管理限界線（LCL）を，**表 9.2** および **表 9.3** より求める。

表 9.2 管理線の計算式

	$\bar{x}$ 管理図	R 管理図
中心線	$CL = \bar{x}$	$CL = \bar{R}$
上方管理限界線	$UCL = \bar{x} + A_2\bar{R}$	$UCL = D_4\bar{R}$
下方管理限界線	$LCL = \bar{x} - A_2\bar{R}$	$LCL = D_3\bar{R}$

表 9.3 計算式における定数

群の大きさ n	$\bar{x}$ 管理図 A_2	R 管理図 D_3	R 管理図 D_4
2	1.880	—	3.267
3	1.023	—	2.575
4	0.729	—	2.282
5	0.577	—	2.115
6	0.483	—	2.004
7	0.419	0.076	1.924
8	0.373	0.136	1.864
9	0.337	0.184	1.816
10	0.308	0.223	1.777

⑦ 管理図を作成する。管理図は，$\bar{x}$ 管理図を上部に，R 管理図を下部に配置し，群番号を揃えて対照できるように描く。管理線は中心線を実線で，管理限界線を破線で描く。各データは，はっきりとした点でプロットし，群番号順に線で結ぶ。

以上の手順で作成された管理図を用いれば，安定状態と安定でない状態を見分けることができる。

このうち，安定状態は，以下のような場合である。

① 点が管理限界線内にある。

② 点の並び方に特別な傾向がない。

このような場合の例を，**図 9.9** に示す。

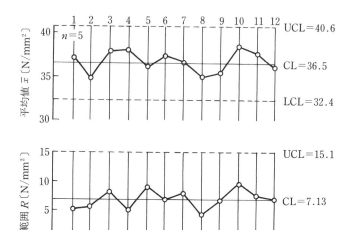

図 9.9 安定状態にある管理図(コンクリートの圧縮強度の例)

一方，安定でない状態とは，以下のような場合である。

① 点が管理限界線の外（または線上）にある（**図 9.10**（a））。

② 点が中心線に対して，一方の側に連続して現れる（図（b））。

③ 点が中心線に対して，一方の側に多くできる（図（c））。

④ 点が順次上昇または下降する（図（d））。

⑤ 点が周期的な変動をする（図（e））。

⑥ 点が中心線の近くに多い（図（f））。

⑦ 点が管理限界線に接近して現れる（図（g））。

⑧ 点が管理限界線に接近してほとんど現れない。

管理図に上記のような点が現れたら原因の追求を行い，その原因を取り除くとともに，将来再発しないような処置をとる。例えば，試験や検査項目が不備ならば作業標準に追加する。あるいは，作業標準が守られていないのが原因な

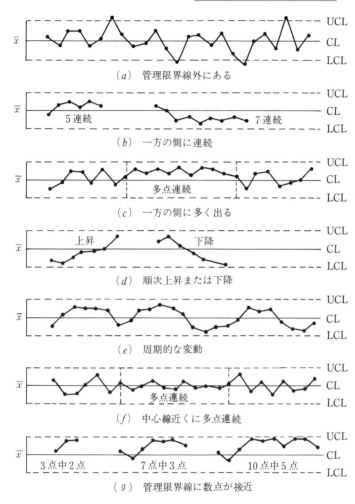

図 9.10　安定でない状態にある管理図の例

らば，確実に守られるように修正するなどの処置をとる。

〔3〕　**品質の中心的な値を用いる方法**　多くのデータを，母集団の中から
収集された標本ととらえ，つぎの統計的処理によって求められるデータの中心
的な値により品質管理を行う。

1）　データ（x_i）の平均値（$\bar{x}$）

$$\bar{x} = \frac{(x_1 + x_2 + \cdots + x_n)}{n} = \frac{1}{n}\sum_{i=1}^{n} x_i \qquad (9.1)$$

2） データの中央値（メジアン：$\tilde{x}$）　データを大きさ順に並べたときの中央値をいう。データ数が奇数のときは中央の値，偶数のときは中央二つの平均値を用いる。

3） 最多値（モード）　データを度数で整理したときに，最多度数となる区間の値をいう。

〔**4**〕 **品質のばらつきを示す特性値を用いる方法**　統計的処理によって，品質のばらつきを示す以下の値を求め，品質管理を行う。

1） データの範囲（レンジ：R）　データの最大値（x_{max}）と最小値（x_{min}）との差で，$R = x_{max} - x_{min}$ で求められる。

2） 標準偏差（シグマ：σ）　標準偏差は次式によって求められ，品質のばらつきを示す尺度としてよく用いられる。

$$\sigma = \sqrt{\frac{1}{n}\sum_{i=1}^{n}(x_i - \bar{x})^2} \qquad (9.2)$$

また，$\sigma/\bar{x} \times 100$ で表される量を変動係数〔％〕といい，ばらつきの度合いの比較や精度の判定などによく用いられる。

3） 平均偏差（*MD*）　次式によって求められ，ばらつきの一つの尺度であり，品質や精度などを簡便に判定できる。

$$MD = \frac{1}{n}\sum_{i=1}^{n}|x_i - \bar{x}| \qquad (9.3)$$

9.3.5　抜 取 検 査

でき上がった製品が検査して良品か不良品か，あるいは合格品か不合格品かを判定するのも，品質管理業務の一部である。

製品の数が少ない場合は，全製品を検査する全数検査も可能であるが，一般の建設工事においては，このような方法は不可能であるし不経済なこともあり，ある決められたロットごとに抜取検査を行い品質の判定を行う。

ここにロットとは，等しい条件下で製造され，または製造されたと思われる

製品の集まりをいい，その個数または全体量をロットの大きさという。また，ロットの中から特性を調べるために抜き取ったものをサンプルといい，その全体の量をサンプルの大きさという。

　この抜取検査は，検査個数が少なくてすみ経済的であるため，建設工事においても多用される。例えば，コンクリート，鉄筋，舗装などの材料には，この抜取検査が実施される。これらの検査では，管理された状態からランダム（無作為）にサンプリングを行う，ランダムサンプリングが実施されている。

コーヒーブレイク

朝礼はなぜ毎日行うの？

　建設現場では，ほぼ毎日朝礼が行われる。これには，元請業者から下請業者まで全員が集まり，おもにつぎのようなことを確認する。

・当日の仕事の内容
・当日の従事者や各人の業務分担
・当日の作業上の留意点
・工事の進ちょく状況
・安全のための用具や服装

　このように，朝礼を通して4大管理のいくつかを確認しつつ，ときには輪番でスピーチなどを交えながら関係者が一同に集まることにより，全員の志気を高め連帯感を養い，建設現場の和を保つことに努めている。また，合わせて準備運動や指差確認を行い，作業開始のための心の喚起と準備をしているのである。

図7

9.4 原　価　管　理

9.4.1 原価管理の意義

原価管理を行う意義は，主としてつぎのようなものである。

① できる限り原価を下げる。つねに，実際原価を予定原価（実行予算）と
比較しながら，両者の間に差異が生じた場合は，適時に妥当な処置をと
り，実際原価を予定原価まで，あるいはそれ以下に下げる。これが，最
も重要な目的となる。

② 実際の工事現場の条件が，見積り時の条件と異なる場合に対して，設計
変更やクレームなどのための資料として収集する。すなわち，工事の変
更や中止，資材や労賃の変動，天候異変やそのほかの不可抗力による損
害などを，説明する資料となるものである。

③ 同種の工事の見積り用のための積算資料とする。

以上の事項を通して，建設工事におけるムリ，ムダ，ムラを排除し，企業と
して適切な利益向上を図ることが，原価管理の最大の意図である。

9.4.2 原価管理の手順

原価管理についても，これまでのほかの管理と同様に，管理サイクルによっ
て管理がなされ，その手順について示すと，以下のようである。

1）計　　　画　　最も経済的な施工計画をたて，これに基づいて実行予算
を組む。この場合の見積りの基礎となる工事費の内訳を**図 *1.4*** に示した。

2）実　　　施　　設定された実行予算に対して，実施原価の収集・整理と
原価計算を行う。

3）検　　　討　　実行予算と実際原価を比較し，差異の原因を分析・検討
するとともに，損益予測を行う。

4）処　　　置　　実際原価を実行予算以下にするための処置を講ずる。ま
た，上記2），3）で得た実績などを資料として，つねに施工計画の再検

討・再評価を行い，実行予算の引下げに努力する。

このような手順によって原価管理は実施され，施工改善，計画修正，設計変更などがあれば修正実行予算を作成して，以後はこれを基準として管理サイクルを回しながら実施する。

なお，このような手順によって十分な原価管理の効果を上げるには，現場の原価管理体制がしっかりと確立され，全所員が高い原価管理意識を保持していることが不可欠の条件となる。

9.4.3 コストダウン

現場における実行予算の引下げ，すなわちコストダウンを図るためには，まず，実施原価を明確に把握し，つねに実行予算と対比できるように整理しておくことが必要である。そして，両者間に差異が生じた場合は，あらゆる角度からその原因を分析・追求し，改善策を検討してその原因を取り除く。

また，現場においては，工事着手から完成に至るまでつねに科学的，かつ合理的な原価管理に努め，ムリ，ムダ，ムラを省いて，生産性の向上を図っていくための創意工夫が強く求められる。

9.5　安全衛生管理

9.5.1　安全衛生管理の必要性

労働災害の発生は，人道上の問題のみならず，施工の一時中断による工程の遅れ，作業員や職員の志気の低下，さらには予想しなかった多大の出費などによって，企業に対し有形・無形の損害を招く。

したがって，工事担当者はこれらのことを十分に理解のうえ，施工にあたってはつねに労働災害の予防に努め，作業員や職員の安全と健康を確保し，合わせて一般市民への災害を防止するよう，安全衛生管理を徹底することが大切である。

9.5.2 労働災害の発生原因

建設工事における労働災害発生の背景として，つぎのようなものがある。

① 自然を相手の作業環境であり，気象や地質の影響を大きく受ける。

② 同じ構造物は一つもなく，作業も多種多様であり慣れることが少ない。

③ 一般に，作業員は固定化したものではなく，作業の熟練度が低い。

④ 作業員が，新技術・新工法の普及テンポについていくことができない。

また，災害発生の直接的原因を挙げると，つぎのようである。

① 建設機械や設備の不備，あるいは構造の欠陥などによる物理的要因

② 作業員の建設機械や設備などに対する無知，未熟，不注意，あるいは身体疲労などによる人的要因

③ 作業員に対する教育指導の欠如，あるいは打合せや指示の不徹底などによる管理的要因

災害は，これらの要因が単独，または重複して発生するものであるから，つねにこれらの原因に気を配りながら災害の防止に努めなければならない。

9.5.3 労働災害の表し方

労働災害を統計的に把握することは，労働災害の発生状況を把握することにつながり，安全衛生管理上にも重要なことである。そのための指標として，強度率，度数率，年千人率などが用いられる。

1）強 度 率　　延べ労働時間1 000時間当りの労働損失日数で，災害の軽重度を示し，次式によって求められる。

$$強度率 = \frac{労働損失日数 \times 1\,000}{延べ労働時間}$$

2）度 数 率　　延べ労働時間100万時間当りの労働災害による死傷者数を示し，次式によって求められる。

$$度数率 = \frac{労働災害による死傷者数 \times 100\,万}{述べ労働時間}$$

3）年 千 人 率　　在籍労働者1 000人当りの年間労働災害発生数を示した

もので，災害の発生頻度を示す。

$$年千人率＝\frac{年間災害発生件数×1\,000}{在籍労働者数}$$

9.5.4 安全衛生管理活動

　一般に，建設工事は，元請業者と下請業者によって施工がなされるが，下請業者は何重かの重層下請業者から構成されている場合が多い。各重層下請業者は，それぞれの指示のもとに作業を行っているが，同一の場所でたがいに関連する仕事を行っている。

　このため，現場の労働災害を防止するためには，このような業者による個々の管理とは別に，すべての業者を含めた統括的な管理をする必要がある。これが労働安全衛生法でいう統括的管理であり，現場における安全衛生管理の責任は，最終的に元請業者の責任となる。

　したがって，現場においてはこの統括管理を実行するため，現場所長を最高責任者とする安全管理体制を作り，現場で働くすべての職員と作業員が一丸となって，安全衛生管理活動を行っていく必要がある。

　図9.11に安全衛生管理組織の例を示す。また，**表9.4**に，安全衛生管理

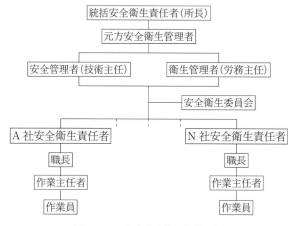

図9.11　安全衛生管理組織の例

表 9.4　安全衛生管理活動

時　期	活　動　内　容
着工時	・施工計画書の作成と審査，年間計画の作成
月　間	・安全衛生大会の開催，月間計画の作成 ・機械，電気機器の月例点検
週　間	・安全衛生会議の開催，週間計画の作成 ・仮設構造物の点検・維持，週間大掃除
日　常	・安全施工サイクルの実施，職長会の開催 （職場体操，安全朝礼，安全ミーティング，始業前点検， 　安全パトロール，安全衛生会議など）
随　時	・安全衛生教育（職長教育，特定作業教育など） ・新規入場者教育 ・安全意識の高揚（安全表彰，安全看板の掲示など） ・健康診断

組織が自主的に行うおもな安全衛生管理活動を示す。表に示す安全衛生管理活動については，それぞれ決められた間隔でマンネリにならないように工夫しながら，しかも，全員が主体性を持つように実行することが肝要である。労働災害の防止は，幾人かの管理者によって達成されるものではなく，一人ひとりの自覚と徹底した安全行動によって，はじめて達成されるものである。

9.6　そのほかの管理

9.6.1　労　務　管　理

〔**1**〕　**労務管理の実状**　　労務管理とは，建設工事で必要とする多様な労働力を調達・調整し，作業環境を整備して，工事を安全，かつ迅速に実施できるように管理することである。

　一般に，建設業における労務管理は，元請となる建設業者が下請となる協力業者を管理し，労務の主力となる多くの作業員については，下請業者に任されている場合が多い。

　しかし，労務の改善や向上を図るには，建設業者は労務の調達，調整，あるいは工程管理のみにとどまらず，協力業者に対して，労働者の募集，教育訓

練，福利厚生などの面についても，積極的に指導や支援を行う必要がある。

　すなわち，元請業者は労働管理面のみを重視するのではなく，あらゆる面から協力して下請業者の健全な育成を図り，建設業全体の体質改善に努めなければならない。

〔2〕　**労働条件の整備**　　労働条件については，労働基準法や労働安全衛生法などに細かく規定されており，建設工事においても，これらの法規が順守されなければならない。

　しかし，建設工事は自然が相手であり，しかも，同一場所にとどまることが少ないため，作業環境を整備しにくい面がある。

　作業環境の悪化は，作業員の労働意欲の減退，作業能率の低下，労働災害の危険性の増大など，多くの問題点を生じやすい。

　このため，元請業者は下請業者と協力して，労働条件の整備を図り，適切な休養を与えて労働意欲を高め，安全で効率的な活気ある職場を提供できるよう努力しなければならない。

9.6.2　環境保全のための管理

〔1〕　**建設公害**　　建設事業は，社会の要請に応えて産業基盤や生活基盤の整備を行っていく一方で，多少なりとも自然環境を破壊するという側面を持つ。

　建設事業における自然環境の破壊につながる問題としては，つぎのようなものがある。

　1）　公害問題　　騒音，振動，地盤沈下，水質汚濁，大気汚染，土壌汚染，ばい煙，粉塵など

　2）　交通問題　　工事用車両による沿道障害

　3）　近接地への影響　　掘削などによる近接構造物への影響，土砂や排水の流出，井戸枯れ，樹木の伐採，自然生物への影響など

　施工者は，このような建設公害の問題について，工事に着手する前から発注者と協議し，どのような建設公害が発生する可能性があるか，そしてまた，万

一のことが発生した場合の対策方法について，十分に検討しておかなければならない。

　この準備が不十分な場合は，工事進行の大きな障害となり，工法変更や工期の遅れを生じ，公害処置のために多大の出費を要することがある。そして，ときには工事が中断され，社会問題にまで大きく発展する場合もあるので，慎重に対処することが必要である。

　なお，このような建設公害に関係する法規として，騒音規制法，振動規制法，大気汚染防止法，水質汚濁防止法などがある。

〔*2*〕　**環境アセスメント**　　建設公害を未然に防止，あるいは最小限にとどめるためには，建設計画の段階から工事に伴う自然環境への影響を事前に調査・評価し，その影響の度合いについて十分に検討しておく必要がある。

　このように制度化された法を，*1* 章でも述べたように環境アセスメントといい，その自然環境への影響評価は公開し住民の理解を得たうえで，建設工事を実施することになっている。

演 習 問 題

【**1**】　施工管理の目的について説明せよ。

【**2**】　施工管理における 4 大管理について簡潔に説明せよ。

【**3**】　工程管理における各種の工程表について，その特徴を述べよ。

【**4**】　つぎの語句について簡単に説明せよ。
　　　　（1）　ダミー
　　　　（2）　クリティカルパス
　　　　（3）　変動係数
　　　　（4）　ヒストグラム
　　　　（5）　$\bar{x}$-R 管理図

【**5**】　発注者が構造物の品質に対して示す基準値には，どのようなものがあるか。簡潔に述べよ。

【6】　$\bar{x}$-R 管理図において，不安定な状態とはどのような場合か。箇条書きに示せ。

【7】　原価管理の意義について説明せよ。

【8】　建設工事において安全衛生管理が重要な理由を説明せよ。

【9】　建設現場における安全衛生管理組織が自主的に行う，おもな安全衛生管理活動にはどのようなものがあるか。箇条書きに示せ。

【10】　建設公害にはどのようなものがあるか。また，これに関係する法規にはどのようなものがあるか。それぞれ簡潔に述べよ。

引用・参考文献

1) 松尾　稔，本城勇介：地盤環境工事の新しい視点，pp.12〜17，技報堂出版（1999）
2) 石井一郎：環境工学，pp.157〜160，森北出版（1996）
3) 日本道路協会：道路土工―土質調査指針（改訂版），p.218〜221，丸善（1996）
4) 日本材料学会地盤改良部門委員会：地盤改良技術と環境問題　ケースヒストリー，日本材料学会（1998）
5) 三浦裕二ほか：土木施工，実教出版（1998）
6) 粟津清蔵ほか：絵とき　土木施工，オーム社（1996）
7) 伊勢田哲也：土木施工，朝倉書店（1976）
8) 土木学会：土木施工技術便覧，オーム社（1994）
9) 小西一郎ほか：土木工学概論，森北出版（1994）
10) 池原武一郎：トンネル施工の問題点と対策，鹿島出版会（1968）
11) 近畿高校土木会：土木施工，オーム社（1998）
12) 土木学会関西支部：コンクリート構造の設計・施工の基本（設計および施工編），土木学会関西支部（1998）
13) 井上　博ほか：ザ・生コン，建築技術（1996）
14) 長滝重義ほか：コンクリートの高性能化，技報堂（1997）
15) 村田二郎：コンクリート技術，山海堂（1975）
16) 堀　和夫：ダム施工法，山海堂（1978）
17) 中村靖治：ダムのできるまで（I-IV），山海堂（1996）
18) 糸林芳彦：ダムの施工，技報堂（1980）
19) 土木学会：土木工学ハンドブック，技報堂（1989）
20) 土木施工管理技術研究会：一般土木施工管理技術検定実施試験問題解説集，地域開発研究所（1998）
21) 建山和由：IT と建設施工― Precision Construction の試み―，建設の機械化，625，pp.3-7（2002）
22) 国土交通省：令和２年度（2020 年度）向け「ICT の全面的活用」を実施する上での技術基準類
23) 室達朗：テラメカニックス―走行力学―，技報堂出版（1993）
24) T.Eguchi, T.Muro：A control system of the tire inflation pressure for running of a wheel system vehicle on soft terrain, 17th International Symposium on Automation and Robotics in Construction Proc., pp.573-578（2000）

演習問題解答

※本書をよく読めばわかる演習問題については解答を省略している。

2 章

【1】 表 2.2～表 2.5 より，$q_0 = 4.33\,\mathrm{m^3}$，$\rho = 1.08$，$f = 0.80$，$E = 0.475$，サイクルタイム $C_m = 2.13\,\mathrm{min}$，したがって，式 (2.12) より $Q = 50.1\,\mathrm{m^3/h}$

【2】 表 2.6，表 2.7 より $q_0 = 0.60\,\mathrm{m^3}$，$K = 0.90$，表 2.2 より $f = 0.83$，$E = 0.5$，表 2.8 より $C_m = 35\,\mathrm{s}$，したがって，式 (2.13) より $Q = 23.1\,\mathrm{m^3/h}$

【3】 ① 表 2.11 より $\gamma = 16\,\mathrm{kN/m^3}$，$W = 107.9\,\mathrm{kN}$，$L = 1.325$ から $V = WL/\gamma = 8.94\,\mathrm{m^3}$，表 2.10 より平積容量は $7.27\,\mathrm{m^3}$ であるから，1 回の積載土量 q_0 は $7.27\,\mathrm{m^3}$，表 2.2 より $f = 1/1.325 = 0.755$，$E = 0.9$。

② ダンプトラックのサイクルタイム：表 2.6 より $q_s = 0.6\,\mathrm{m^3}$，表 2.7 から $K = 0.60$ とすると，$n \fallingdotseq 21$ 回，また，バックホーは表 2.8 から $C_{ms} = 32\,\mathrm{s}$，$E_s = 0.65$ また，$t_1 = 30\,\mathrm{min}$，$t_2 = 20\,\mathrm{min}$，$t_3 = 10\,\mathrm{min}$ よりダンプトラックのサイクルタイムは $C_m = 77.2\,\mathrm{min}$，したがって，作業量 $Q_D = 3.84\,\mathrm{m^3/h}$

③ バックホーの作業量：$q_0 = 0.6\,\mathrm{m^3}$，$K = 0.60$，$f = 0.755$，$C_m = 32\,\mathrm{s}$，$E = 0.65$ であるから，式 (2.3) より，$Q_s = 19.9\,\mathrm{m^3/h}$

④ したがって，式 (2.5) より $m = 5.2$ 台。必要台数は 6 台である。

【4】 ① ブルドーザの作業量：$q_0 = 4.33\,\mathrm{m^3}$，$\rho = 1.08$，$E = 0.6$，$f = 0.8$，$C_m = 1.75\,\mathrm{min}$。したがって，式 (2.2) より $Q_0 = 77.0\,\mathrm{m^3/h}$。

② 所要台数：$H = 6\,\mathrm{h/H}$，$P = 50\,\%$，$T = 4\,\text{ヶ月}$ であるから，式 (2.6) より $N = 3.6$ 台 = 4 台。

③ 所要作業時間：$R = 1\,298.7\,\mathrm{h}$。

④ 所要材料・人員：軽油 $= 22\,078\,l$，世話役 $= 65$ 人，運転手 $= 260$ 人，助手 $= 130$ 人

⑤ 機械経費の計算：

1）標準時機械損料は，表 2.13 より，$9\,430$ 円/h

2）運転経費の計算　　1）と**解表2.2**より全機械経費は（9 430＋7 348）
×1 298.7＝21 789 589円

解表2.2

項　目	規格	単位	数量	単価	金額	摘　　要
世話役		人	0.05	19 000	950	①
運転手		人	0.20	18 000	3 600	②
助　手		人	0.10	13 000	1 300	③
主燃料費	軽油	l	17	70	1 190	④
油脂類		式	1		238	主燃料の20％
諸雑費		式	1		70	（①＋②＋③＋④）×1％
合　計					計7 348円/h	

【5】　建設事業の調査，設計，施工，監督・検査，維持管理という建設生産プロセス
のうち「施工」に注目して，ICTの活用により各プロセスから得られる電子
情報を活用して高効率・高精度な施工を実現し，さらに施工で得られる電子情
報を他のプロセスに活用することによって，建設生産プロセス全体における生
産性の向上や品質の確保を図ることを目的としたシステムである。

【6】　・労働力過剰を背景とした生産性の低迷
　　　例えば，1990年代以降の投資の減少局面では，建設投資が労働者の減少をさ
らに上回って，ほぼ一貫して労働力過剰となり，省力化につながる建設現場の
生産性向上が見送られてきた。
　　　・生産性向上が遅れている土工等の建設現場
　　　例えば，トンネルなどは，約50年間で生産性を最大10倍に向上。一方，土工
やコンクリート工などは，改善の余地が残っている（2012年実績で土工とコ
ンクリート工で直轄工事の全技能労働者の約4割が占める）。
　　　・依然として多い建設現場の労働災害
　　　例えば，全産業と比べて，2倍の死傷事故率（年間労働者の約0.5％（全産業
約0.25％））があり，事故要因としては，建設機械との接触による事故は，墜
落についで多いことが挙げられる。
　　　・予想される労働力不足
　　　例えば，2014年時点の技能労働者約340万人のうち，その後10年間で約110
万人の高齢者が離職の可能性があり，若年者の入職が少ない（29歳以下は全
体の約1割）状況にある。

3章

【2】（1）　**解図 *3.1*** に示す。

測点	距離〔m〕	中心高〔m〕	切土〔m³〕	盛土〔m³〕設計量	補正量	累加土量〔m³〕
0	20	1.00	—	—	—	0
1	20	1.00	400	—	—	400
2	20	2.00 / −2.70	600	—	—	1 000
3	20	−2.70 / 0.50	—	−1 080	−1 200	−200
4	20	0.50 / 2.50	200	—	—	0
5	20	2.50	1 000	—	—	1 000
6	20	1.50 / −1.80	800	—	—	1 800
7	20	−1.80	—	−720	−800	1 000
8	20	−1.80	—	−720	−800	200
合計	—	—	3 000	−2 520	−2 800	—

（*a*）　土量計算書

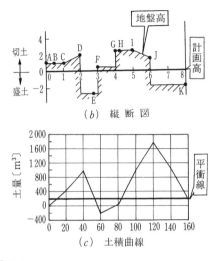

（*b*）　縦 断 図

（*c*）　土積曲線

解図 *3.1*

（2）　切土と盛土の境目

（3）　200 m³ の余り

（4）　BCD と FGH から持ってくる

（5）　1 600 m³，40 m

【4】（1）　式（*3.4*）より $C=0.4$，よって最小抵抗線 3 m の場合は $L=10.8$ kg

（2）　**表 *3.9*** より $C=0.2$，式（*3.6*）より $L=8.0$ kg

4章

【2】　**解図 *4.1*** に示す。式（*4.1*）より $p_{aC}=4.57$ kN/m²，$p_{aA}=32.26$ kN/m²，式（*4.2*）より $p_{pA}=91.06$ kN/m²

∴　$F_S=1.65>1.2$　よって，安定である。

【4】　**表 *4.1***，**表 *4.2*** より形状・支持力係数を求める。全般せん断破壊は，式（*4.10*）

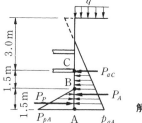

解図 *4.1*

より $q_u=576\,\text{kN/m}^2$，局部せん断破壊は，式 (*4.11*) より $q_u=276\,\text{kN/m}^2$

【5】 **表 *4.1*** より $\alpha=1.3$，$\beta=0.3$，**表 *4.2*** より，$N_c=37.2$，$N_r=20.0$，$N_q=22.5$，**表 *4.3*** より，$f_s=78.48\,\text{kN/m}^2$（粘性土），$f_s=45.08\,\text{kN/m}^2$（砂質土），式 (*4.16*) より $R_u=2\,270\,\text{kN}$

【6】 式 (*4.18*) より $R_u=1\,376\,\text{kN}$

索　　　引

【あ】

アイランド工法　　　　90
悪　臭　　　　　　　　22
悪臭防止法　　　　　　22
浅い基礎　　　　　　　88
浅い基礎の支持力　　　98
アジテータカー　　　137
アースダム　　　　　168
アースドリル工法　　107
アーチ　　　　　　　160
アーチダム　　　　　167
圧縮強度　　　　　　133
圧入工法　　　　　　104
後ガス　　　　　　　66
アンカー工法　　　　90
暗　渠　　　　　　　83
安全衛生　　　　　　191
安全衛生管理　192,209
安全衛生管理活動　　212
安全衛生管理計画　　187
安全衛生管理組織　187,211
安全第一　　　　　　9

【い】

石張工　　　　　　　82
井筒工法　　　　　　110
1.5ショット方式　　124
一般管理費　　　　　7
一般競争入札　　　　9
威力係数　　　　　　69
インクライン　　　179
引照点　　　　　　　23
インバート　　154,160

【う】

ウィルソン　　　　　100
ウィーン条約　　　　4
ウェル工法　　　　　110
ウェルポイント工法　96
ウェンナーの等間隔4極法
　　　　　　　　　　14
受入検査　　　　　　133
打継目　　　139,149,180
内訳書　　　　　　　7
埋立て　　　　　　　79
裏込め注入　　　　　162
運転経費　　　　　　33
運　搬　　　　　　　58

【え】

エアーハンマー工法　103
液体窒素工法　　　　128
塩化物量　　　　　　134
鉛直打継目　　　　　139

【お】

お化け丁場　　　　　114
オープンケーソン工法　110
親杭横矢板工法　　　90
親ダイ　　　　　　　68
オールケーシング工法　105
温度応力　　　　142,143
温度規制　　174,177,179
音波探査　　　　　　14

【か】

開削トンネル工法　　160
崖　錐　　　　　　　11

外部拘束応力　　　143
外部コンクリート　174
開放型シールド　　162
化学的耐久性　　　133
下限規格値　　　　200
火工品　　　　　　67
荷重‐沈下量曲線　　86
ガスケット　　　　165
型　枠　　　　　　135
型枠振動機　　　　138
割裂注入　　　　　125
カーテングラウチング　173
稼働日数率　　　　55
カードボードドレーン工法
　　　　　　　　　121
釜場工法　　　　　94
火　薬　　　　　　66
仮設備　　　　　　184
仮設備工事　　　　184
仮排水開渠方式　　170
仮排水トンネル方式　170
カルウェルド工法　107
環境アセスメント　4,214
環境影響評価　　　4
環境保全計画　　　189
監査廊　　　　　　178
間接仮設工事　　　185
間接工事費　　　　8
乾燥収縮　　　　　149
岩着コンクリート　174
寒中コンクリート　146
ガントチャート　　195
管理計画　　　　　186
管理限界値　　　　200
管理サイクル　　　208

管理図　　　　　　　202

【き】

機械かくはん工法　　126
機械掘削　　　　　　155
機械掘削工法　　　　64
機械計画　　　　　　186
機械経費　　　　　　31
機械損料　　　　　　32
規格中心値　　　　　200
木　杭　　　　　　　102
気象調査　　　　　　168
既製杭基礎　　　　　101
基　礎　　　　　　　86
基礎掘削　　　　　　171
基礎地盤　　　　　　167
基礎処理　　　　171,173
気泡シールド工法　　164
逆循環工法　　　　　108
休止日数　　　　　　54
給熱養生　　　　　　147
丘　陵　　　　　　　11
共通仮設費　　　　　8
共通仕様書　　　　　7
強　度　　　　　　　130
共同企業体　　　　　3
極限支持力　　　　　87
曲線式工程表　　　　195
局部せん断破壊　　87,99
許容支持力　　　　　87
許容地耐力　　　　　87
切　土　　　　　　　58
切　羽　　　　　　　154
切　梁　　　　　　　90
切梁工法　　　　　　90
緊結材　　　　　　　135
均質性　　　　　　　130

【く】

空気間隙率　　　　　74
空気ケーソン工法　　112
空気量　　　　　　　133
掘　削　　　　　　　57

グラウチング　　　　172
グラブ式浚渫船　　　80
クラムシェル　　　　63
クリティカルパス　　197
グリーンカット　　　176
クレーム　　　　　　208
クローラードリル　　66

【け】

計画工程　　　　　　195
計画書　　　　　　　7
軽量盛土工法　　73,118
化粧合板　　　　　　135
ケーソン基礎　　　　110
ゲルタイム　　　　　124
原位置試験　　　　　16
原　価　　　　　　　191
原価管理　　　　192,208
原価管理計画　　　　187
減価償却費　　　　　32
減水剤　　　　　　　146
減勢工　　　　　　　167
現場打鉄筋コンク
　リート枠工　　　　83
現場管理組織図　　　187
現場管理費　　　　　8

【こ】

コアボーリング　　　15
鋼アーチ支保工　　　159
高圧噴射かくはん工法　126
公　害　　　　　　　4
坑外施設　　　　　　154
鋼殻浮遊方式　　　　165
鋼　杭　　　　　　　102
工事原価　　　　　　7
工事費　　　　　　　31
工　種　　　　　　　184
工事用測量　　　　　22
洪水吐　　　　　　　167
高性能減水剤　　145,148
工　程　　　　　184,191
工程管理　　　　192,194

工程計画　　　　　　184
工程表　　　　　　　195
孔内検層　　　　　　14
坑内施設　　　　　　154
後背湿地　　　　　　12
合　板　　　　　　　135
高流動コンクリート　145
抗力係数　　　　　　69
固結度　　　　　　　159
5大生産手段　　　　191
骨材冷却　　　　　　174
固定ピストン式シン
　ウォールサンプラー　16
コールドジョイント
　　　　　　　　145,149
コンクリート　　　　130
コンクリートダム　　167
コンクリート張り工　82
コンクリート吹付工　82
コンクリートプレーサー
　　　　　　　　　　137
コンクリートポンプ　137
コンクリートポンプ工法
　　　　　　　　　　148
コンシステンシー　53,134
コンソリデーション
　グラウチング　　　173
混和剤　　　　　　　146

【さ】

載荷試験　　　　　　86
載荷重工法　　　　　119
サイクルタイム　　　24
最小抵抗線　　　　　69
再振動　　　　　　　140
最大乾燥密度　　　　73
最低制限価格　　　　10
最適含水比　　　　　73
材料費　　　　　　　8
材料分離　　　　　　137
サウンディング　　　17
逆巻工法　　　　　　160
作業効率　　　　　　24

作業単価	31
作業日数	54
作業能力	24
作業量	31
削岩機	155
三角座標分類法	53
三角州	12
山岳トンネル	151
酸欠空気	112
山　地	11
サンドコンパクション	
パイル工法	122
サンドドレーン工法	120
サンドマット	120
サンプリング	15,207
サンプル	207
──の大きさ	207

【し】

ジェット工法	104
ジオテキスタイル	73,84
資金計画	187
資材計画	186
支持杭	101
地震探査	13
止水板	174
事前調査	183
自然堤防	12
自走式スクレーパー	61
下請業者	211
実行予算	208
実際原価	208
実施工程	195
実施調査	183
湿潤養生	149
地盤改良工法	117
地盤沈下	21
支保工	136,158
指名競争入札	9
締固め	73
締固め曲線	73
締固め工法	122
締固め度	74

締固め土の品質管理	74
社会基盤	1
蛇かご	83
ジャンカ	137,149
収縮目地	149,180
自由断面掘削機	155
自由面	68
重力ダム	167
重力排水工法	94
取水設備	167
シュート	137
浚　渫	79
瞬発電気雷管	67
準備工事	169
場外運搬	137
上限規格値	200
小口径推進工法	166
仕様書	7,183
場内運搬	137
上部半断面掘削工法	156
情報化施工	2,34
植　生	82
暑中コンクリート	145
ショベル系掘削機	61
自立工法	90
シールド工法	161
シンカー	66
真空排水工法	95
人工冷却	174
伸縮目地	149
深層混合工法	126
深礎工法	109
振　動	21
振動規制法	21
振動工法	103
振動締固め	138
浸透注入	125
振動目地切機	180
振動ローラー	78,178,179
真矢打ち工法	102

【す】

随意契約	10

水質汚濁	18
水質汚濁防止法	19
水質調査	168
推進工法	165
水中コンクリート	147
水中不分離性コンクリート	
	148
水中不分離性混和剤	148
水底トンネル	151
水平打継目	139
水密コンクリート	149
水密性	130,133
数量計算書	7
スクリューコンベア	162
スクレーパー	60
筋芝工	82
スタッフ	3
スチームハンマー工法	103
ストーパー	66
スライドフォーム	177
スライム処理	106
スランプ	133
ず　り	157,162
ずり出し	155,157
スレーキング	59

【せ】

静力学的支持力公式	112
せき板	135
積　算	7
セグメント	162
施　工	1
施工管理	191
施工技術計画	184
施工計画	181
石灰安定処理工法	126
設計基準強度	133
設計書	7
設計図	7
設計図書	181,183
設計変更	208
セパレーター	135
セミシールド工法	166

セメント安定処理工法　125
潜函工法　112
潜函病　112
せん孔　66,155
扇状地　12
浅層混合工法　125
せん断キー　174
全断面掘削機　155
全断面掘削工法　156
全断面覆工　160
全置換工法　118
セントル　160
全般せん断破壊　87,99

【そ】
ソイルコンパクター　79
騒音　20
騒音規制法　20
総括書　7
造岩鉱物　12
総合評価方式　10
装薬量　69
側圧　138
側壁　160
粗骨材の最大寸法　133

【た】
大気汚染　17
大気汚染防止法　18
耐久性　130
耐凍害性　133
ダイナマイト　67
タイヤローラー　77
高まき　73
打撃工法　102
縦継目　174
縦目地　180
ダム　167
ダムコンクリート　173
ダムサイト　169,171
ダム用自動型枠　177
単価表　7
弾性波速度　58

弾性波探査　13
タンデムローラー　77
ダンパー　78
段発電気雷管　67
タンピングローラー　77
ダンプトラック　137,179

【ち】
チェボタリオフ　100
置換工法　115,118
地形　10
地形調査　152,169
地質　12
地質縦断図　152
地質調査　152
地中連続壁基礎工法　116
地中連続壁工法　115
地表探査　13
地山の変形　159
中空重力ダム　167
柱列式地中連続壁　115
調達計画　186
丁張　23
直接仮設工事　185
直接経費　8
直接工事費　8
沈埋工法　164

【つ】
2ショット方式　124

【て】
泥水式シールド工法　163
泥水処理プラント　163
ディーゼルハンマー工法　102
堤体　167
ディッパー式浚渫船　81
泥土圧式シールド工法　164
出来形　40
鉄筋コンクリート杭　101
デニソン式サンプラー　16
テールアルメ工法　83

テルツァギー　98,112
電気浸透工法　97
電気探査　14
電気雷管　67
填塞係数　70
転流工事　170

【と】
土圧式シールド工法　163
動圧密工法　124
導火線　67,68
凍結工法　127
凍結サンプリング　16
導坑　157
導坑先進工法　157
導爆線　68
動力学的支持力公式　114
土被り　160
土工　50
都市トンネル　151
土壌汚染　19
土積曲線　56
特記仕様書　7
ドッグヤード方式　165
土留め工　89
ドラグショベル　62
トラクター系掘削機械　60
トラクターショベル　61
ドラグライン　63
トラックミキサー　137
トラフィカビリティ　45
トランスファーカー　178
ドリフター　66
土量換算係数　24
土量計算書　56
土量の変化率　24,56
土量配分　56
ドリル　154
ドリルジャンボ　66,155
トレミー工法　106,148
ドレーン工法　119
トレンチャー　64
ドロップハンマー工法　102

トンネル　151
　——の勾配　153
　——の線形　153
　——の断面形状　153
トンネルボーリングマシン
　156

【な】

内部拘束応力　143
内部コンクリート　174
内部締固め工法　122
内部振動機　138
中押し推進工法　166
中堀り工法　105
鳴き砂　71
生コンクリート　132
生コンクリートプラント
　130
軟弱地盤　116

【に】

荷卸し地点　133
日本統一土質分類法　50
二本構打ち工法　102
入　札　9
ニューマチックケーソン
　工法　111

【ぬ】

抜取検査　206

【ね】

根入れ長さ　91
ネットワーク式工程表
　195
粘土鉱物　12

【の】

法　面　82
　——の緑化　82
法面保護工　82

【は】

バイオレメディエーション
　19
排水工法　94
パイピング　112
パイプクーリング　174,177
バイブロドーザー　176
バイブロハンマー　103
バイブロフローテーション
　工法　124
ハイリー公式　114
ハウザーの式　69
パーカション式
　ボーリング　14
薄層まき出し　73
刃口推進工法　166
はく離剤　135
バケット　137
バケット係数　27
バケット式浚渫船　81
バケットホイールエキス
　カベーター　63
場所打ち杭基礎　105
バーゼル条約　4
ばた材　135
バーチャート　195
バックホー　62
バッチ　131
バッチミキサー　131
バッチャー　131
バッチャープラント　179
発　破　65
発破掘削　155
発破係数　69
バナナ曲線　196
腹起し　90
張芝工　82
パワーショベル　62
バーンカット工法　156
半川締切り方式　170
ハンドオーガーボーリング
　14,15

ハンマーグラブ　106

【ひ】

被けん引式スクレーパー　61
ヒストグラム　201
ひび割れ　142,149
ひび割れ抵抗性　130
ヒービング　92
標準貫入試験用サンプラー
　15
標準装薬　69
表面仕上げ　138
表面締固め工法　122
表面振動機　138
品　質　191
品質管理　192,199
品質保証計画　187,199

【ふ】

フィルダム　167
フォームタイ　135
深い基礎　88
　——の支持力　112
深い基礎工法　101
深井戸工法　95
深井戸真空工法　95
歩掛り表　7
吹付コンクリート　154,159
覆　工　160
覆工コンクリート　160
覆工板　161
袋詰サンドドレーン　121
フーチング基礎工法　97
プッシュドーザー　61
物理検層　14
物理探査　13
不同沈下　97
部分置換工法　118
ブライン工法　127
プラグ　172
プラスチックボード
　ドレーン工法　121

ブリーディング 138,140,149
ブルドーザー 60,179
プレキャストコンクリート
　枠工 83
プレストレストコンク
　リート杭 101
プレパックドコンクリート 148
プレボーリング工法 104
プレローディング工法 119
ブロック 174
ブロック工法 173
フロンテジャッキング工法 166
分離低減剤 145
分離抵抗性 145

【へ】

平　野 12
壁体式地中連続壁 116
べた基礎工法 97
ベノト工法 105
ベルトコンベア 137,162,178
ベンチカット工法 70,156,171
ベンチ長 156

【ほ】

ボイリング 93
放射能検層 14
防水シート 160
放流設備 167
飽和度 74
補強土工法 73,118
ポゾラン反応 126
ボーリング 14
ポンパビリティー 144,145
ポンプ式浚渫船 80
本巻工法 160

【ま】

マイヤーホフ 99,113
マカダムローラー 77
膜養生 140
摩擦杭 101
増ダイ 68
マスコンクリート 142
マネジメントサイクル 194,200
豆　板 137

【み】

密閉型シールド 162
見積り 7
見積り合わせ 10

【め】

目　地 179
メタルフォーム 135

【も】

元請業者 211
モビリティ 45
盛　土 72
モルタル 82
モンモリロナイト 59

【や】

矢板工法 90
薬液注入工法 124

【ゆ】

湧水調査 153

【よ】

養　生 140
横線式工程表 195
横継目 174
横目地 180
予定価格 10
予定原価 208
呼び強度 133

予備調査 181
4大管理 191

【ら】

雷　管 67
ライン 3
落札価格 10
落札率 10
ランマー 78

【り】

リッパー工法 64
リバース工法 108
リバースサーキュレー
　ションドリル工法 108
リフト 174
流動化コンクリート 144
流動化剤 144
流動性 145
流量調査 168

【る】

ルジオンテスト 173

【れ】

レアー工法 178
レイタンス 140,176
レッグドリル 66
レディーミクストコンク
　リート 132
連続ミキサー 132

【ろ】

労働安全衛生法 188
漏斗係数 69
労務管理 212
労務計画 186
労務費 8
ロータリー式ボーリング 14
ロックフィルダム 167
ロックボルト 159
ロット 206
　——の大きさ 207

ロッドコンパクション工法
　　　　　　　　　　123
ロードローラー　　　*77*

【わ】

ワーカビリティー　*130,145*
ワゴンドリル　　　　*66*

ワシントン条約　　　*4*
1ショット方式　　　*124*

【A】

AE 減水剤　　　　*146,147*
AE コンクリート　　　*147*
AE 剤　　　　　　　*147*

【B】

BIM/CIM　　　　　*42*

【I】

i-Construction　　　*37*
ICT　　　　　　　*37*

【M】

MIP 工法　　　　*115*

【N】

NATM　　　　　*158*

【P】

PIP 工法　　　　*115*

【R】

RCD 工法　　*173,178*

RCD コンクリート　*178*

【T】

TBM　　　　　　*65*

【U】

UAV　　　　*38,42*

—— 著者略歴 ——

友久　誠司（ともひさ　せいし）
1970 年　明石工業高等専門学校土木工学科卒業
1970 年　西松建設株式会社勤務
1975 年　明石工業高等専門学校助手
1980 年　明石工業高等専門学校講師
1987 年　明石工業高等専門学校助教授
1990 年　工学博士（京都大学）
1993 年　カルガリー大学（カナダ）
　　　　　客員研究員
1999 年　明石工業高等専門学校教授
2012 年　明石工業高等専門学校名誉教授

江口　忠臣（えぐち　ただおみ）
1986 年　明石工業高等専門学校機械工学科卒業
1986 年　住友ゴム工業株式会社勤務
1991 年　明石工業高等専門学校助手
1999 年　明石工業高等専門学校講師
2005 年　博士（工学）（愛媛大学）
2005 年　明石工業高等専門学校助教授
2006 年　群馬工業高等専門学校助教授
2007 年　明石工業高等専門学校准教授
2011 年　明石工業高等専門学校教授
　　　　　現在に至る

竹下　治之（たけした　はるゆき）
1968 年　神戸大学工学部土木工学科卒業
1970 年　神戸大学大学院工学研究科修士
　　　　　課程修了（土木工学専攻）
1970 年　日立造船株式会社勤務
1979 年　日本国土開発株式会社勤務
1987 年　技術士（建設部門）
1988 年　工学博士（神戸大学）
1994 年　日本国土開発株式会社技術研究所長
1996 年　北見工業大学客員教授
1998 年　高松工業高等専門学校教授
2008 年　高松工業高等専門学校退職

施工管理学（改訂版）
Construction Management (Revised Edition) © Tomohisa, Takeshita, Eguchi 2004, 2021

2004 年 1 月 6 日　初版第 1 刷発行
2021 年 4 月 30 日　初版第 6 刷発行（改訂版）

検印省略	著　者	友　久　誠　司	
		竹　下　治　之	
		江　口　忠　臣	
	発 行 者	株式会社　コロナ社	
		代 表 者　牛来真也	
	印 刷 所	新日本印刷株式会社	
	製 本 所	有限会社　愛千製本所	

112-0011　東京都文京区千石 4-46-10
発 行 所　株式会社　**コロナ社**
CORONA PUBLISHING CO., LTD.
Tokyo Japan
振替 00140-8-14844・電話（03）3941-3131（代）
ホームページ　https://www.coronasha.co.jp

ISBN 978-4-339-05526-9　C3351　Printed in Japan　　（新宅）